U0220284

Adobe Creative Cloud
经典教程

[美] 约瑟夫·拉布雷克（Joseph Labrecque）◎ 著

武传海 ◎ 译

人民邮电出版社

北　京

图书在版编目（CIP）数据

Adobe Creative Cloud 经典教程 /（美）约瑟夫·拉布雷克（Joseph Labrecque）著；武传海译. -- 北京：人民邮电出版社, 2024. -- ISBN 978-7-115-65435-9

I. TP393

中国国家版本馆 CIP 数据核字第 2024QL1972 号

版 权 声 明

◆ 著　　　 ［美］约瑟夫·拉布雷克（Joseph Labrecque）

译　　　 武传海

责任编辑　王　冉

责任印制　陈　犇

◆ 人民邮电出版社出版发行　　北京市丰台区成寿寺路 11 号

邮编　100164　电子邮件　315@ptpress.com.cn

网址　https://www.ptpress.com.cn

涿州市京南印刷厂印刷

◆ 开本：787×1092　1/16

印张：19　　　　　　　　2024 年 12 月第 1 版

字数：506 千字　　　　　　2024 年 12 月河北第 1 次印刷

著作权合同登记号　图字：01-2023-4273 号

定价：99.80 元

读者服务热线：(010)81055410　印装质量热线：(010)81055316

反盗版热线：(010)81055315

广告经营许可证：京东市监广登字 20170147 号

内容提要

本书由 Adobe 产品专家编写，是 Adobe Creative Cloud 软件的官方指定教材。

本书以简洁明了的语言和丰富的示例，带领读者从基础到高级，逐步探索 Adobe Creative Cloud。从 Photoshop 和 Illustrator 的图像编辑与矢量图形设计，到互动原型和 3D 场景的创建，再到音频、视频和动画等多媒体的制作技巧，覆盖内容全面。

本书语言通俗易懂，配有大量图示，特别适合 Adobe Creative Cloud 新手阅读，有一定 Adobe Creative Cloud 使用经验的读者也能从中学到大量关于高级功能的知识。此外，本书也适合各类培训班学员及广大自学人员参考。

前　言

Adobe Creative Cloud 是 Adobe 公司精心打造的一套完整的创意工具集合，它基于创作者的需求将专业桌面版、移动版、Web 版的创意工具整合到一起，旨在帮助创作者轻松捕捉每个灵感瞬间，把创意变成现实。Adobe 公司每年都会对 Adobe Creative Cloud 应用程序（即 Creative Cloud Desktop 应用程序）进行更新和升级，包括增加新功能、优化性能，以及做其他必要修改等，以不断满足用户的需求和期望。Adobe Creative Cloud 还提供诸如云库、文件同步、云文档等功能，实现了各个创意工具之间的无缝衔接和紧密协作，这是单个创意工具所无法实现的。

无论你是想使用 Photoshop 或 After Effects 等行业标准应用程序，还是想尝试 XD 或 Dimension 等新工具，Adobe Creative Cloud 都能为你提供所需的一切，帮助你轻松地将创意和灵感以各种媒体形式（如图片、视频、动画等）表达出来。

 关于本书

本书是 Adobe 官方推出的经典教程之一。本书课程经过精心设计与编排，便于你根据自己的实际情况自主安排学习。如果你刚接触 Creative Cloud 系列设计软件，那么在本书中你将学到许多设计的基础概念和知识，以及各大设计软件常用的功能。笔者在科罗拉多大学博尔德分校教授广告创意和多媒体设计，为数千名学生讲授过 Creative Cloud 系列设计软件。本书的内容组织和课程编排正是基于这些教学经验而设计的。

本书还涉及各种设计原则和概念，在某些课程中你会学到这些内容。学习本书内容后，请牢记这些设计原则，并好好思考一下如何把它们恰如其分地应用到实际工作中。

 学前准备

在开始学习本书内容之前，请确保你的计算机系统设置正确，并且已经准备好所需的各种软件和硬件。

你应该对自己的计算机和操作系统有一定的了解，并且能熟练使用。例如，会使用鼠标、触控板、标准菜单与命令，知道如何打开、保存、关闭文件。如果你还没有掌握这些知识，请先阅读 Microsoft Windows 和 macOS 的相关说明文档。

学习本书内容之前，你无须掌握设计软件的相关概念和术语。

安装 Creative Cloud

学习本书之前，你必须单独付费订阅 Adobe Creative Cloud，或者拥有试用资格。有关安装 Creative Cloud 的系统要求与操作说明，请访问 Adobe 官方帮助页面。

也可以前往 Creative Cloud 产品页面订阅 Adobe Creative Cloud。只需要根据软件提示一步步执行操作，即可顺利完成安装。

另外，本书第 1 课详细介绍了有关安装与使用 Creative Cloud Desktop 软件的知识，供大家参考。

关于课程文件

本书配有课程文件，其中包含学习本书内容所需的各种资源，如图片、设计素材、视频、音频、项目文件等。开始学习之前，请把本书配套的课程文件下载到你的计算机硬盘上。

重要提示

本书提供的资源文件仅供学习本书课程使用。未经 Adobe 公司和相关版权所有者的书面许可，不得以任何形式将这些文件用于商业目的、发表、共享和传播。请勿公开共享使用这些课程文件创建的项目，包括但不限于通过社交媒体或在线视频平台传播这些项目。

本书涉及的所有原创素材（包括图片、视频、音频等），版权均归约瑟夫·拉布雷克所有。此外，本书用到的某些资源直接取自 Adobe Express 或 Adobe Character Animator 等软件，其版权归相关权利方所有。

如何学习本书课程

本书的所有课程均配有示例项目的分步操作说明。每课相对独立，但在概念和工作流程上，前后课程之间存在一定的关联。因此，学习本书的最佳方式是按照课程的编排顺序从头学到尾。

每课首先介绍某个设计软件，以及如何在该软件中创建一个新项目。随后，在项目制作过程中逐一介绍该软件中常见的概念和工作流程，直到整个项目顺利完成。

本书许多课程都有补充内容，专门讲解特定技术或提供替代工作流程。虽然不强制要求大家阅读这些补充内容，但其中有些内容很有趣，也很实用，特别是那些介绍背景知识的内容，对理解正文大有裨益，因此还是建议大家抽空读一下。

学完本书课程后，你将熟悉 Creative Cloud 多个软件的功能，并且能够熟练运用这些软件制作项目，具备胜任相应类型的设计工作的能力。

各课内容的讲解几乎都会涉及相关的设计原则。希望大家能够牢记这些设计原则，并应用到自己的设计工作中，实现软件功能、技术与基本设计概念、原则的完美融合。

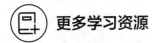 **更多学习资源**

本书并非要取代 Adobe Creative Cloud 各个软件的自带文档，也不会详细介绍这些软件的所有功能。本书只介绍课程中用到的软件命令和选项。有关 Adobe Creative Cloud 的更多功能和教程，请参考如下资源。

Adobe Creative Cloud 学习和支持：在这里，你可以找到 Adobe Creative Cloud 的用户指南和教程等。在【Adobe Creative Cloud 学习和支持】页面中，单击【用户指南】，可获取有关 Adobe Creative Cloud 的快速解答和分步说明。

有关创作灵感、关键技术、跨程序工作流程和新功能等信息，请访问 Creative Cloud 教程页面。

Adobe 社区：在 Adobe 支持社区页面，你可以与他人就 Adobe 产品进行讨论，参与提问与解答。单击特定应用程序链接，可访问相应社区。

Adobe Creative Cloud 发现：这个在线资源中有许多讲解设计以及与设计有关问题的深度好文，在其中，你可以看到大量顶尖设计师和艺术家的优秀作品，以及各种教程等。

教育资源：Adobe Education Exchange 页面为 Adobe 软件课程讲师提供了一个信息宝库。在其中，你可以找到各种等级的培训方案，包括采用综合教学法的免费 Adobe 软件培训课程等，这些课程可以用作 Adobe Certified Professional 考试的培训课程。

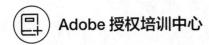 **Adobe 授权培训中心**

Adobe 授权培训中心提供有关 Adobe 软件的培训课程，全部由 Adobe 认证讲师执教。

目　录

Creative Cloud 桌面应用程序和移动应用程序

课程概览

本课主要讲解以下内容。

- Adobe Creative Cloud 是什么及其使用方法。
- Creative Cloud Desktop 应用程序的用户界面、首选项设置，以及网页版 Creative Cloud。

- 安装、卸载、更新桌面应用程序。
- 安装移动应用程序。
- Creative Cloud 库和同步文件夹。
- 熟悉 Fonts、Stock、Behance 和 Portfolio 网站。

学习本课大约需要 **1 小时**

通过 Adobe Creative Cloud Desktop 应用程序，你可以在同一个界面中轻松安装和管理桌面版创意应用程序、访问相关移动应用程序和使用 Creative Cloud 服务。

1.1　课前准备

　　首先，请确保你已经获得了 Adobe Creative Cloud 的试用资格或者已加入 Adobe Creative Cloud 订阅计划，并且已经下载好了本书配套的课程文件。

❶ 登录 Adobe 账户，确保拥有试用资格或已加入 Adobe Creative Cloud 订阅计划，如图 1-1 所示。

图 1-1

❷ 从 Creative Cloud 官方页面下载 Creative Cloud Desktop 应用程序。

1.2　Creative Cloud Desktop

　　Creative Cloud Desktop 应用程序是所有 Adobe 桌面应用程序的管理控制平台，同时，通过它可以轻松地访问各种移动应用程序、Web 服务和学习资源。

1.2.1　用户界面

　　启动 Creative Cloud Desktop 后，你会看到一个简洁、易用的用户界面，其中包含应用程序管理及指向其他移动应用程序和 Web 服务的链接。

　　Creative Cloud Desktop 用户界面提供了 4 个视图，分别是【应用程序】【文件】【探索】【Stock 和市场】，你可以通过选择左侧的 4 个选项进入相应视图。默认情况下，【应用程序】视图处于活动状态。

　　【应用程序】视图主要由以下 4 个区域组成，如图 1-2 所示。

- **应用程序：**【应用程序】区域中列出了你的计算机系统中已经安装及可用的应用程序，分为【桌面】【移动设备】【Web】3 个类别。在【应用程序】区域，你还可以对各个应用程序进行检查更新。

图 1-2

- **类别：** 在【类别】区域，Adobe 公司将旗下的所有软件按照不同类别进行划分。当需要根据某个用途在 Creative Cloud Desktop 中查找软件时，可在此区域的相应类别中查找，这样能够缩小查找范围，节省查找时间。

- **资源链接：** 在该区域，可以访问【Stock】【Behance】【Portfolio】【字体】等 Web 服务。

- **当前页：** 若要探索不同视图的各个区域，在左侧列表中选择某个选项，【当前页】区域就会展现出对应的具体内容。

切换至不同视图，可以访问更多内容和服务。

- **文件：** 在该视图下，可以直接访问云文档和 Creative Cloud 库。

- **探索：** 在该视图下，可以按兴趣或按应用程序查找各种学习内容和资源，获取更多创作灵感、教程和免费资源。

- **Stock 和市场：** 在该视图下，可以快速查找各种 Adobe Stock 资源、应用程序插件、Adobe 字体等。

此外，还可以在用户界面右上角快速访问通知和软件首选项。

1.2.2　网页版 Creative Cloud

访问 Adobe 官方的 Creative Cloud 页面，登录 Adobe 账户，如图 1-3 所示。

网页版 Creative Cloud 的用户界面和 Creative Cloud Desktop 应用程序几乎一模一样，两者的一个重要区别是，打开网页版 Creative Cloud 后，默认进入的是【主页】视图。在【主页】视图下，你不仅可以看到 Adobe 推荐的应用程序和最近使用过的文件，还可以直接访问 Adobe Express 等基于 Web 的应用程序。

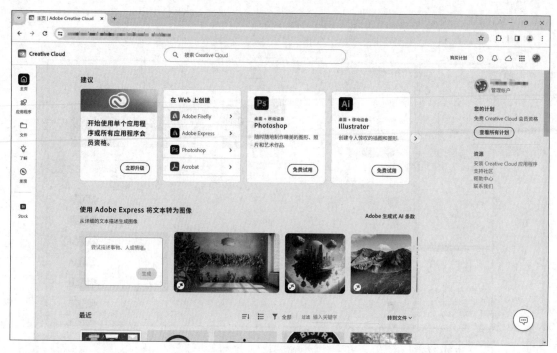

图 1-3

1.2.3　设置首选项

Creative Cloud Desktop 应用程序提供了首选项，通过首选项，可以设置应用程序的更新、通知等选项。

使用 Adobe 账户登录 Creative Cloud Desktop 应用程序后，用户界面右上角会有一个用户头像。单击用户头像，会弹出一个菜单。

在弹出的菜单中选择【首选项】，如图 1-4 所示，可打开【首选项】对话框。

在【首选项】对话框中，选择左侧区域中的选项，相应的详细信息将显示在右侧区域，如图 1-5 所示。

图 1-4

图 1-5

以下是设置首选项时的一些注意事项。

· **常规：** 在该选项卡中，可以查看云存储空间已经使用了多少、还剩多少。在【设置】选项组中，可以根据实际情况开启或关闭【登录时启动 Creative Cloud】【关闭 Creative Cloud 后在后台运行它】【自动保持 Creative Cloud 为最新版本】。

有时，应用程序更新会要求您确保 Creative Cloud Desktop 应用程序为最新版本，所以建议开启【自动保持 Creative Cloud 为最新版本】。

· **应用程序：** 在该选项卡中，可以指定是否让 Creative Cloud Desktop 应用程序自动将所有应用程序更新为最新版本（即开启或关闭【自动更新】），以及指定应用程序在计算机中的安装位置和默认安装语言。

有些应用程序还提供了高级设置选项，允许保留旧版本、把以前的设置导入新安装的版本。

· **通知：** 指定要在桌面上接收哪些通知。可根据个人实际情况，勾选合适的通知类型。

· **服务：** 指定是否开启【Adobe Fonts】，以及从 Creative Cloud 下载的资源的存放位置。关闭【Adobe Fonts】后，之前通过 Creative Cloud 下载的所有字体都会被删除。

· **外观：** 在这里，可以为 Creative Cloud Desktop 应用程序设置主题颜色，即用户界面的外观。有 3 种主题颜色可以选择，分别是【浅色】【深色】【反映您的系统首选项】。

1.3 管理桌面应用程序

Creative Cloud Desktop 的主要用途是访问和管理各种 Adobe 应用程序。

1.3.1 安装应用程序

使用 Photoshop、Illustrator、Premiere Pro 等任何一款 Adobe 桌面应用程序之前，需要将它们安装到计算机上。

❶ 在 Creative Cloud Desktop 用户界面左侧选择【应用程序】>【所有应用程序】，如图 1-6 所示。此时，用户界面右侧区域将显示允许安装的所有应用程序。

❷ 找到要安装的应用程序，单击【安装】按钮，如图 1-7 所示。

图 1-6

图 1-7

> ♀ **注意**　尝试安装某个应用程序时，若出现警告图标（▲），请单击该图标，了解无法安装该应用程序的详细信息。通常，导致应用程序无法正常安装的原因是操作系统版本太低。此时必须更新操作系统才能顺利安装应用程序。

❸ Creative Cloud Desktop 会下载你选择的应用程序，并启动安装过程，如图 1-8 所示。在安装过程中，你可以实时观察安装进度，也可以继续安装其他应用程序。

此外，还可以使用操作系统中的标准方法来查
找和启动已安装的应用程序。相较而言，通过 Creative
Cloud Desktop 应用程序打开已安装的应用程序更加
简便。

可以同时安装多款应用程序，多个安装进程之间彼
此不会干扰。

图 1-8

④ 安装好应用程序后，单击【打开】按钮即可启动它，如图 1-9 所示。

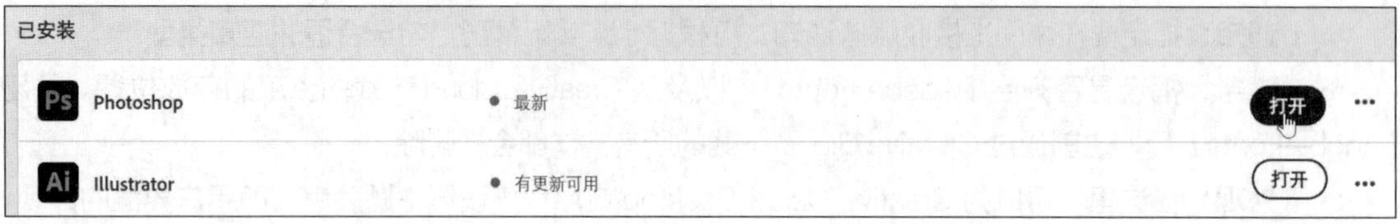

已安装			
Ps Photoshop	● 最新	打开	···
Ai Illustrator	● 有更新可用	打开	···

图 1-9

若找不到想要安装的应用程序，可在用户界面正上方的搜索框中输入想要安装的应用程序名称，
按 Return（macOS）或 Enter（Windows）键进行查找。

需要安装的应用程序

学习本书的过程中，需要在计算机中安装好以下桌面应用程序。

- **Adobe Lightroom**：照片管理与编辑应用程序。
- **Adobe Photoshop**：位图编辑应用程序。
- **Adobe Illustrator**：矢量图形编辑应用程序。
- **Adobe InDesign**：印刷排版应用程序。
- **Adobe XD**：屏幕布局和原型设计应用程序。
- **Adobe Dimension**：基于场景的 3D 布局设计应用程序。
- **Adobe Audition**：音频录制、编辑、混音应用程序。
- **Adobe Premiere Pro**：视频编辑应用程序。
- **Adobe After Effects**：MG 动画制作、视频合成、效果制作应用程序。
- **Adobe Character Animator**：基于表演的实时角色动画制作应用程序。
- **Adobe Animate**：多平台动画、MG 动画和交互设计应用程序。
- **Adobe Media Encoder**：文件转码与转换应用程序。

当安装 Premiere Pro、After Effects、Animate 等应用程序时，Creative Cloud Desktop 会
自动安装 Media Encoder 这款应用程序，该应用程序用来协助输出最终作品。

如果计算机硬盘空间有限，无法同时安装上面提到的所有应用程序，可根据当前需求仅安装需要
的应用程序，不安装或删除当前不需要的应用程序，以节省硬盘空间。基于此，使用 Creative Cloud
Desktop 应用程序执行这些操作会相对轻松。

1.3.2 更新应用程序

Adobe 基于云的软件分发模式的一个主要优点是它可以定期推送更新。在推送的诸多更新中，有些更新是为应用程序添加新功能、改善用户界面，有些更新则是为了增强应用程序的稳定性和安全性。无论是哪种情况，随时更新应用程序都是一个好习惯。

若在【首选项】对话框中开启了【自动更新】，每当应用程序有可用更新时，Creative Cloud Desktop 应用程序就会自动更新应用程序。当然，你也可以手动检查更新，步骤如下。

❶ 在用户界面选择【应用程序】>【更新】，如图 1-10 所示。

此时，用户界面的右侧区域将列出当前可用的更新。

❷ 在用户界面右上角单击【检查更新】按钮，如图 1-11 所示。

图 1-10

图 1-11

此时，Creative Cloud Desktop 应用程序会为已经安装在计算机中的应用程序检查是否有可用更新。

❸ 如果检查到有可用更新，Creative Cloud Desktop 应用程序就会将其列出来，并给出有关该更新的详细信息。

❹ 单击【更新】按钮，如图 1-12 所示，Creative Cloud Desktop 会下载更新，并将其安装到对应的应用程序中。在用户界面右上角单击【全部更新】按钮，Creative Cloud Desktop 会自动下载并安装所有更新。

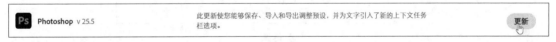

图 1-12

❺ 更新过程中会显示更新进度百分比，如图 1-13 所示。有时您还会收到提示，询问是否需要把原有设置导入新版本，这具体取决于【首选项】对话框中是如何设置的。

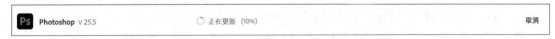

图 1-13

更新完成后，就可以正常启动更新后的应用程序了。

1.3.3 卸载应用程序

随着时间的推移，有些应用程序不再需要，这时可以将其卸载，以释放其占用的计算机硬盘空间。

卸载应用程序时，既可以使用操作系统提供的卸载工具，也可以使用 Creative Cloud Desktop 应用程序。

❶ 在用户界面选择【应用程序】>【所有应用程序】，Creative Cloud Desktop 会在右侧区域把已经安装在计算机中的所有 Adobe 应用程序列出来。在【已安装】区域找到要卸载的应用程序，单击最右侧的【更多操作】按钮（ ⋯ ），在弹出的菜单中选择【卸载】，如图 1-14 所示。

图 1-14

对于不同的应用程序，单击【更多操作】按钮（ ⋯ ）后弹出的菜单中的命令可能不一样。

❷ 卸载某些应用程序时，可能会弹出一个对话框，询问是删除还是保留该应用程序的首选项，如图 1-15 所示。如果将来可能会再次安装该应用程序，可单击【保留】按钮保留其首选项。此时，Creative Cloud Desktop 会从计算机系统中删除应用程序，但保留其首选项。

图 1-15

1.3.4 安装特定版本的应用程序

默认情况下，Creative Cloud Desktop 会安装应用程序的最新版本。如果想安装某款应用程序的某个特定版本，则必须通过【更多操作】菜单进行操作。

❶ 在用户界面选择【应用程序】>【所有应用程序】，在【已安装】区域找到目标应用程序，单击最右侧的【更多操作】按钮（ ⋯ ），从打开的菜单中选择【其他版本】，如图 1-16 所示。

此时会弹出一个对话框，对话框右侧区域将列出目标应用程序的所有版本。目标应用程序的最新版本出现在列表最上方，旧版本出现在列表下方。

❷ 在【版本】列表中，找到你想安装的版本，单击右侧的【安装】按钮，如图 1-17 所示。

图 1-16

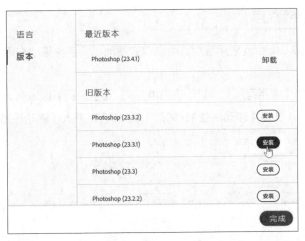

图 1-17

> **注意** 大多数 Adobe 应用程序都支持多个版本共存，即可以在计算机中安装同一款应用程序的多个版本。但有些版本无法共存，例如，Photoshop 23.4 能与 22.1 版本共存，但无法与 23.1 版本共存。其他应用程序的情况可能有所不同。

此时，Creative Cloud Desktop 会下载并安装你选择的版本。

❸ 安装完成后，单击【完成】按钮，关闭对话框。

1.3.5 本书不涉及的桌面应用程序

Adobe Creative Cloud 中包含很多应用程序，本书只介绍其中主要的几款桌面应用程序，其他应用程序则不会涉及。

下面几款桌面应用程序本书不作详细介绍。

- **Adobe Lightroom Classic**：用于管理与编辑照片。
- **Adobe Bridge**：用于预览、组织、编辑、发布创意内容。
- **Adobe Acrobat**：用于查看、创建、编辑、打印和管理 PDF 文件。
- **Adobe Dreamweaver**：使用 HTML、CSS 和 JavaScript 设计网页。
- **Adobe InCopy**：专业的文本编辑和协作应用程序，为与 Adobe InDesign 配合使用而设计。
- **Adobe Substance 3D 套件**：用于创建 3D 艺术和增强现实（Augmented Reality，AR）体验作品，此套件不包含在 Adobe Creative Cloud 订阅计划中，但可以单独购买。

有关 3D 的内容将在第 7 课中详细介绍。

尽管本书不会详细介绍上述应用程序，但并不表示它们不重要。事实上，只要你的订阅计划中含有这些应用程序，你就可以根据需要安装和使用它们。

1.4 访问移动应用程序

Adobe Creative Cloud 桌面应用程序是订阅用户最主要的关注对象，也是本书的重点。除了桌面应用程序外，还有一些移动应用程序也具有很大的价值，不要忽视它们。事实上，在工作中可以将移动应用程序与桌面应用程序结合使用，从而大大提高工作效率。

1.4.1 安装移动应用程序

通过 Creative Cloud Desktop 应用程序，可以很方便地浏览各种移动应用程序，并将它们轻松地安装到移动设备上。

❶ 在用户界面选择【应用程序】>【所有应用程序】，【当前页】区域有 3 个选项卡，分别是【桌面】【移动设备】【Web】。选择【移动设备】，如图 1-18 所示，进入【移动设备】选项卡。

图 1-18

❷ 选择一款想安装的移动应用程序，比如 Adobe Express，单击【发送链接】按钮，如图 1-19 所示。

图 1-19

❸ 在弹出的对话框中输入你的手机号码，确认手机号码后，单击【发送链接】按钮，如图 1-20 所示。

> 💡 注意　在【发送方式】下选择【电子邮件】单选按钮，Adobe 会把下载链接发送至您的电子邮箱（即您登录 Adobe 账户时使用的电子邮箱地址）。

❹ 检查手机短信，您会收到一条信息，其中含有所选移动应用程序的下载与安装链接，如图 1-21 所示。单击文字链接，按照 Apple App Store 或 Google Play Store 的说明完成安装。

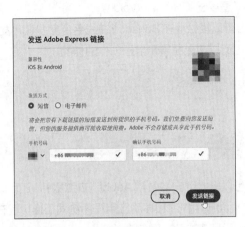

图 1-20

图 1-21

1.4.2 推荐的移动应用程序

第一次浏览移动应用程序列表时，您可能会有些困惑，因为许多移动应用程序的名称相似，但它们的用途不一样。

下面给大家推荐几款比较实用的移动应用程序。

· **Adobe Express**：用于从模板和多种创意工具中快速创建图像、图形和其他内容（适用于 iOS 和 Android）。

· **Adobe Capture**：在您的移动设备中使用 Adobe Capture 可捕获周围对象的颜色、形状、材质等，并借助 Creative Cloud 库在其他应用程序中共享这些资源（适用于 iOS 和 Android）。

· **Adobe Fresco**：基于云的 Adobe Fresco 应用程序专为手写笔和触控设备设计，汇集了世界各地众多的矢量、光栅和革命性的动态画笔，力求给用户提供一种非常自然的绘图和绘画体验（适用于 iOS 和 Windows）。

· **Adobe Lightroom**：用于管理和编辑照片，支持跨平台使用，让您能随时随地轻松改善、整理和共享您的照片（适用于 iOS 和 Android）。

· **Adobe Aero**：用于创建、观看和共享交互式增强现实体验作品（适用于 iOS 和 Android）。

· **Adobe Photoshop**：iPad 版 Adobe Photoshop 是一款基于云的强大图形图像编辑应用程序（适用于 iPadOS）。

· **Adobe Illustrator**：iPad 版 Adobe Illustrator 是一款基于云的矢量图形编辑应用程序（适用于 iPadOS）。

· **Adobe Premiere Rush**：一款基于云的、用于创建和分享短视频的应用程序（适用于 iOS

和 Android）。

- **Adobe Photoshop Camera**：一款用于处理照片的应用程序，拥有专门的滤镜，这些滤镜与 Photoshop 中的滤镜具有类似效果（适用于 iOS 和 Android）。

- **Adobe Creative Cloud**：通过移动版 Adobe Creative Cloud 应用程序，您可以随时随地访问自己的 Creative Cloud 文件和资源，并对它们做一些快速处理，比如删除图像背景、转换文件类型等（适用于 iOS 和 Android）。

- **Adobe XD**：移动版 Adobe XD 是一款基于云的原型查看和交互应用程序，它允许您在真实物理设备上查看原型，而非在软件模拟器中预览模型（适用于 iOS 和 Android）。

- **Behance:** 通过 Behance 移动应用程序，您可以轻松地在 Behance 在线平台上搜索、发现、探索数百万个创意作品，并从中获取灵感。当然，您也可以在上面展示自己创作的作品。

> ♡ **注意** 在这些移动应用程序中，一般情况下，支持 iOS 的应用程序也支持 iPadOS。

1.5 Creative Cloud 服务

通过 Creative Cloud Desktop 应用程序，您不仅可以轻松地安装各款 Adobe 应用程序，还可以方便地使用 Adobe 提供的许多有用的服务。有些服务与桌面应用程序和移动应用程序协同工作，旨在改善您的使用体验和工作流程，还有一些服务则是特定应用程序的补充服务。

1.5.1 Creative Cloud 同步文件夹

安装 Creative Cloud Desktop 应用程序时，会在您的计算机中创建一个名为 Creative Cloud Files 的文件夹，如图 1-22 所示。当您将文件放入此文件夹时，Creative Cloud Desktop 会将它们同步到云端，在其他计算机中使用您的 Adobe 账户登录 Creative Cloud Desktop 后可以访问这些文件。

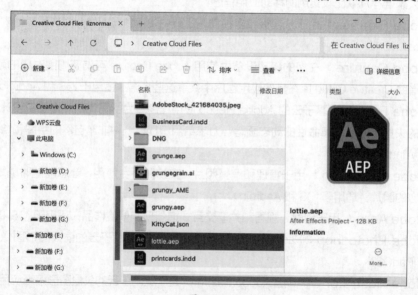

图 1-22

该文件夹在功能上与 Dropbox、Microsoft OneDrive 或 Google Drive 等其他文件同步服务类似。

1.5.2 Creative Cloud 库

　　Creative Cloud 库是一个有组织的创意资源存储库，您可以从任何地点轻松访问其中的资源。Creative Cloud 库支持添加多种类型的资源，如颜色、主题颜色、形状、图像、模板、线上购买的照片、音频、外观、材质等，甚至还允许添加某些桌面应用程序的专用资源。

　　在 Creative Cloud Desktop 应用程序的用户界面中选择【文件】>【您的库】，可以直接访问 Creative Cloud 库中的资源，如图 1-23 所示。当然，在支持 Creative Cloud 库的 Adobe 应用程序中，通过应用程序内置的【库】面板也可以顺利访问 Creative Cloud 库中的资源。

图 1-23

　　在移动设备中使用 Adobe Capture 可以轻松捕获您遇到的各种资源，把它们存储到 Creative Cloud 库中组织起来，方便日后使用。此外，您还可以在支持 Creative Cloud 库的 Adobe 桌面应用程序中，通过【库】面板把所使用的资源添加到 Creative Cloud 库中。使用 Creative Cloud 库是在多款 Adobe 桌面应用程序之间共享资源的最佳方式。

1.5.3 Adobe Fonts

　　使用 Creative Cloud Desktop 应用程序的另外一个好处是能够通过 Adobe Fonts 浏览和激活数种专业字体。

　　访问 Adobe Fonts 网站有以下两种方式：一种是在 Creative Cloud Desktop 应用程序中单击用户界面右上方的【Adobe Fonts】按钮（ƒ），如图 1-24 所示；另一种是在浏览器中访问。

图 1-24

当您激活某款字体后，该字体会自动安装至您当前使用的计算机中。当然，需要您先登录 Adobe 账户才行。计算机中的所有 Adobe 应用程序都能使用该字体，包括那些不在 Creative Cloud 订阅计划中的 Adobe 应用程序。

这些被激活的字体甚至可以在某些支持它们的基于 Web 的服务（如 Adobe Express）中使用。

1.5.4　Adobe Stock

Adobe Stock 是一个素材网站，为设计师、创意人员等提供了丰富的素材资源。在 Adobe Stock 网站中，您可以轻松找到各种类型的素材，包括但不限于免版费照片、矢量插图、3D 资源、视频、音频、模板等。

Adobe Stock 网站中有些素材是免费的，但大部分需要付费，付费方式灵活，您可以根据自身需求选择积分包计划或独立订阅计划。大多数订阅计划允许您访问 Adobe Stock 网站中的所有资源，但每月只允许您下载指定数量的资源，而积分包计划则没有这个限制，只要您有积分，随时可下载所需资源。更多相关细节，请查看 Adobe Stock 常见问题页面。

针对标准 Adobe Creative Cloud 订阅用户，Adobe Stock 推出了一系列资源，订阅用户可以免费使用这些资源。在 Creative Cloud Desktop 应用程序中，选择【Stock 和市场】，进入 Adobe Stock 站点，在搜索框下方选择【免费】，在搜索框中输入关键字，按 Return（macOS）或 Enter（Windows）键即可查找相关免费资源，如图 1-25 所示。

搜索结果页面左侧有一系列的筛选器（过滤器），使用它们可以进一步缩小查找范围，只查找特定类型的免费资源，比如免费图片、免费视频等。如果您想寻找创作灵感，或者找一些要在自己项目中使用的资源，强烈推荐您去 Adobe Stock 逛一逛，相信您一定会有很多收获。

图 1-25

1.5.5 Behance

Behance 是 Adobe 公司专为创意人员打造的一个社交媒体平台，如图 1-26 所示。在 Behance 上，用户可以分享自己的创意作品，获取其他用户的反馈意见，欣赏他人作品，以及参与现场直播。此外，对求职者来说，Behance 也是一个非常好的求职平台，它为求职者提供了许多工作机会和职业发展机会。Behance 是一个活力四射且非常吸引人的平台。

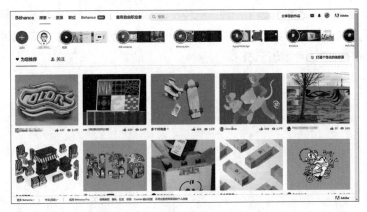

图 1-26

访问 Behance 的方式有以下两种：一种是在 Creative Cloud Desktop 应用程序中选择【应用程序】，在左下方的【资源链接】区域中选择【Behance】；另外一种是打开网页浏览器，然后在地址栏中输入 Behance 网址进行访问。

> 💡 **注意** 即使您没有加入 Creative Cloud 订阅计划，也可以正常访问 Behance。

1.5.6 Adobe Portfolio

Adobe Portfolio 是 Adobe 公司推出的一款专业的个人作品展示和个人网站建设、发布工具，如图 1-27 所示，它能够帮助创意人员轻松创建自己的在线作品集，展示他们的设计、摄影、插画等创意作品。Adobe Portfolio 提供了许多精美的主题和模板，您可以根据自己的需求和喜好，选择合适的主题和模板，并做相应的调整，以展示独特的个人风格和品牌形象。在 Adobe Portfolio 上，您最多可以创建 5 个多页面组合的网站，还可以绑定自己的个人域名，以提升您的品牌形象，增强专业性。

图 1-27

Adobe Portfolio 与 Behance 紧密集成，它允许创意人员把自己在 Behance 上的作品导入个人网站，从而更好地展示、分享和推广自己的创意作品。

访问 Adobe Portfolio 的方式有以下两种：一种是在 Creative Cloud Desktop 应用程序中选择【应用程序】，在左下方的【资源链接】区域中选择【Portfolio】；另外一种是打开网页浏览器，然后在地址栏中输入 Adobe Portfolio 网址进行访问。

1.6　复习题

❶ Creative Cloud Desktop 应用程序的主要用途是什么?

❷ 当某款 Adobe 应用程序无法正常安装时, 应该怎么办?

❸ Adobe Capture 有什么作用?

1.7　复习题答案

❶ Creative Cloud Desktop 应用程序主要用于安装和管理各款 Adobe 桌面应用程序。

❷ 当某款 Adobe 应用程序无法正常安装时, 单击警告图标, 了解无法安装的原因。通常, 导致应用程序无法正常安装的原因是操作系统版本太低。此时必须更新操作系统, 才能顺利安装应用程序。

❸ 使用 Adobe Capture 可以捕获周围对象的颜色、形状、材质等, 并借助 Creative Cloud 库在多个应用程序中共享它们。

基于云的专业照片编辑程序——Lightroom

课程概览

本课主要讲解以下内容。

- Lightroom 系列软件、相关应用程序和实用工具。
- 三分法设计原则。
- 拍摄照片并导入 Lightroom。

- 使用 Lightroom 的预设和编辑控件调整照片。
- 创建相册。
- 在网络上共享相册和照片。

学习本课大约需要 **1 小时**

Lightroom 支持多个操作系统、设备和平台。您拍摄的每张照片都可以通过云服务自动同步至云端，无论使用哪个版本的 Lightroom，您都可以轻松地对照片进行编辑处理。在 Lightroom 中对照片的一切编辑都是非破坏性的，因此您可以大胆地修改照片，无须担心损坏原始照片。

2.1 课前准备

首先浏览一下本课要用到的照片。

❶ 打开 Lessons\Lesson02\02Start 文件夹，浏览本课要用到的所有照片，如图 2-1 所示。

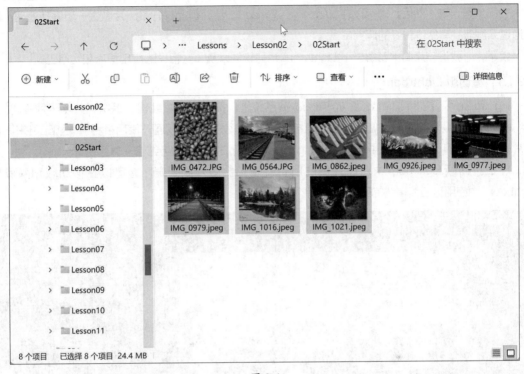

图 2-1

该文件夹中的照片都是使用手机拍摄的。学习本课内容时，如果您愿意，完全可以使用自己拍摄的照片。

❷ 关闭或最小化窗口。

2.2 Lightroom 简介

说到使用 Creative Cloud 桌面应用程序，大多数人首先想到的是 Adobe Lightroom。现今，智能手机已经普及，这些设备内置高分辨率相机，使得人们能够随时随地拍摄周围的事物。

Lightroom 支持用户在手机、计算机（带摄像头）上拍摄、编辑和共享照片，这些照片以及您对照片进行编辑的相关数据都存储在云端。使用 Lightroom 对照片进行的编辑是非破坏性的，也就是说，编辑时原始照片不会改变，改变的只是编辑数据。因此，您可以随意编辑照片，或者撤销之前的某些编辑操作，完全不用担心这些操作会损坏原始照片。

此外，移动版 Lightroom（iOS 或 Android）是开启 Creative Cloud 摄影之旅的最佳选择，因为您可以免费安装和使用它，无须加入任何订阅计划。

在本课中，我们将一起学习如何跨多个平台、设备拍摄、组织、编辑和共享照片。

2.2.1 Lightroom 生态系统

Lightroom 生态系统包括一套适用于移动设备、台式计算机和 Web 的应用程序，以及将它们绑定在一起的云服务。这允许您在多个设备上编辑同一组照片。

例如，您先使用苹果手机（Apple iOS）或安卓手机（Google Android）拍摄一张照片，进行简单编辑后同步到云端，然后，您可以在 Windows 或 macOS 计算机上打开该照片做进一步编辑处理，最后通过云服务共享您编辑好的照片。

接下来，我们一起简单了解一下 Lightroom 系列软件以及一些相关的应用程序和实用工具。

2.2.1.1 桌面版 Lightroom

Lightroom 可以安装在 macOS 或 Windows 系统上，提供导入、编辑、组织、共享照片等功能。在 Lightroom 中编辑照片时，您可以选择直接套用现有预设，也可以通过使用各种滑块和工具来调整照片，如图 2-2 所示。本课主要讲桌面版 Lightroom 的用法，讲解时会结合具体示例。

您在桌面版 Lightroom 中对照片做的所有编辑都会同步到云端，您可以在移动版和网页版 Lightroom 中使用这些编辑过的照片。

图 2-2

2.2.1.2 移动版 Lightroom

移动版 Lightroom 有 iOS 和 Android 两个版本。移动版 Lightroom 与桌面版 Lightroom 拥有相同的核心功能，使用方法类似，编辑内容可以在不同版本之间共享。移动版 Lightroom 的许多工具和设置与桌面版 Lightroom 类似，不过移动版 Lightroom 还支持您使用移动设备内置的相机拍摄照片。

您在移动版 Lightroom 中对照片做的所有编辑都会同步到云端，您可以在桌面版和网页版 Lightroom 中使用这些编辑过的照片。使用移动版 Lightroom 时，您可以在横屏或竖屏下工作，图 2-3 所示为竖屏工作界面。

2.2.1.3　网页版 Lightroom

相比移动版和桌面版，网页版 Lightroom 缺少很多高级功能，但保留了桌面版和移动版的核心功能。

您在网页版 Lightroom 中对照片做的所有编辑都会同步到云端，您可以在移动版和桌面版 Lightroom 中使用这些编辑过的照片。网页版 Lightroom 主要用于快速编辑和轻松访问照片，如图 2-4 所示。

图 2-3

图 2-4

2.2.1.4　Lightroom Classic

Lightroom Classic 有 macOS 和 Windows 两个版本，它拥有一些 Lightroom 不具备的功能，比如打印照片。不过，在 Lightroom Classic 中进行的所有编辑操作只能保存在本地 Lightroom 目录中，无法上传至云端保存和使用。

相比前面介绍的几个版本的 Lightroom，Lightroom Classic 采用了完全不同的照片组织方式，并具备一些 Lightroom 所没有的功能。许多专业摄影师更喜欢使用 Lightroom Classic，因为它提供了更专业的照片组织方式和工具集，如图 2-5 所示。

> 💡提示　不建议同时使用 Lightroom 和 Lightroom Classic，因为它们组织和存储照片的方式完全不同。

> 💡注意　Adobe 公司会持续更新 Lightroom Classic 和 Lightroom。

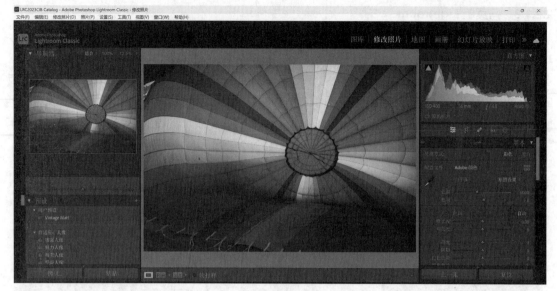

图 2-5

2.2.1.5　Adobe Camera Raw

Lightroom 和 Lightroom Classic 的核心是一个名为 Adobe Camera Raw 的应用程序。

Camera Raw 包含许多相机和镜头配置文件，并经常更新以支持新出的硬件。另外，更新中还包括为 RAW 图像数据处理引擎添加的新功能，以及对现有功能的优化和改进。

文件格式：JPG、RAW、DNG

使用数码相机拍摄照片时，大多数相机都允许用户通过内置的一些设置指定相机使用哪种文件格式来保存图像数据。最常见的格式是 JPG，它几乎无处不在。不过，JPG 格式不太适合用在专业工作中，因为它是一种有损压缩格式，其在存储图像数据时会丢弃大量原始传感器数据。

大多数相机都有一些特有的存储格式，用于保存来自相机传感器的 RAW 数据（即原始数据）。RAW 数据虽然代表的是照片，但必须借助专用的软件才能查看。几乎每家相机厂商都开发了自己特有的 RAW 格式，一般这种格式的数据只有通过他们提供的软件才能被正常读取。但 Camera Raw 是个例外，它能轻松读取目前主流的 RAW 格式数据。

DNG 是 Adobe 公司与多家相机厂商合作开发的一种照片格式。DNG 是 Digital Negative（数字负片）的缩写，它是一种通用的 RAW 格式，不依赖任何一家相机厂商。当然，Camera Raw 也可以正常处理 DNG 格式文件。

使用 Camera Raw 处理照片时，任何一种 RAW 格式都优于 JPG 格式，因为 RAW 格式文件包含更多可用数据，而且解释工作由用户而非相机软件完成。由于 RAW 格式文件包含更多数据，因此它们比 JPG 格式文件大得多。

除了 Lightroom 系列软件之外，Adobe Photoshop、Adobe After Effects 和 Adobe Bridge 也使用 Camera Raw。Camera Raw 用户界面与 Lightroom 用户界面非常相似，如图 2-6 所示。

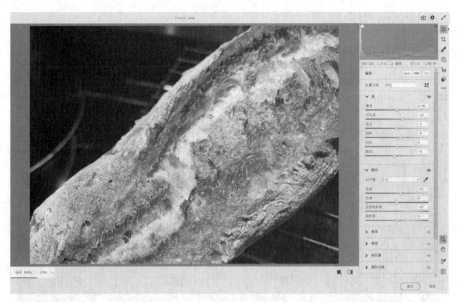

图 2-6

2.2.1.6　Adobe Bridge

Adobe Bridge 是一款功能强大的图像文件组织工具，能兼容 Creative Cloud 各款应用程序支持的所有文件类型，同时还提供了最直接的启动 Camera Raw 的方式，如图 2-7 所示。

图 2-7

使用 Bridge 查看照片的一大好处是可以很方便地查看照片拍摄时的元数据，比如光圈、快门速度、ISO 等，如图 2-8 所示。当然，也可以在 Lightroom 中查看这些元数据，只是没有这么直白、方便。

图 2-8

> 💡 提示　要在 Lightroom 中查看照片的元数据，只需要单击用户界面右下角的信息按钮（🔲）即可。

2.2.2　Lightroom 用户界面

Lightroom 用户界面是围绕着照片设计的，简单而整洁，如图 2-9 所示。

照片展示视图　　　　　　　　　　　　　　　　　　　　　　　编辑控件

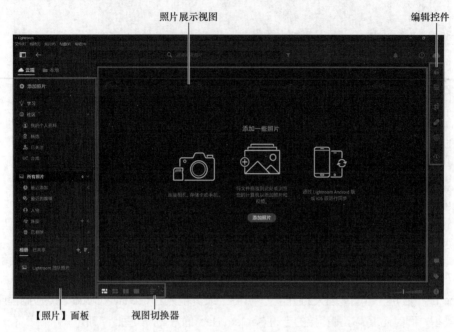

【照片】面板　　　　视图切换器

图 2-9

在 Lightroom 用户界面左侧的【照片】面板中可执行导入、搜索和组织照片等操作。当准备好要编辑的照片后，【照片】面板会折叠起来，用户界面右侧将出现各种编辑控件。

用户界面中心区域是照片展示视图，包括【照片网格】【正方形网格】【比较】【细节】视图，在这些视图下，您可以轻松编辑、浏览所选照片。

接下来，我们还会陆续学习用户界面的其他重要功能。

设计原则：三分法

三分法是一种构图经验法则，它使用两条水平线和两条垂直线将整个图像画面分成九等份，形成九宫格。根据三分法的规定，关键画面元素应该放置在 4 条分割线或其交叉点上，如图 2-10 所示。实际上，三分法只是一种指导方法，而非硬性规定。

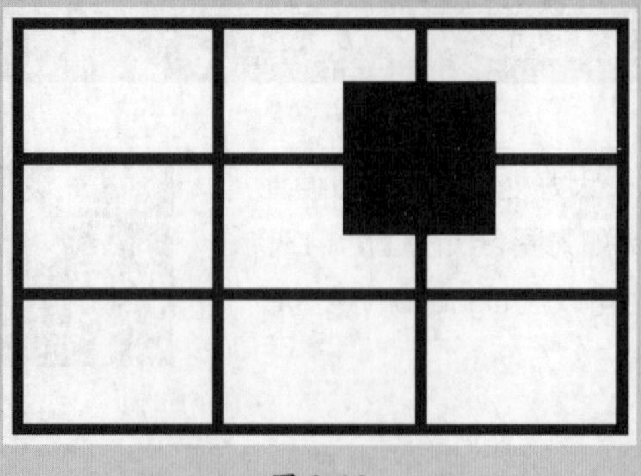

图 2-10

当您在移动设备上使用 Lightroom 拍摄照片时，可以开启三分法网格，以实现更好的构图。在桌面版 Lightroom 中，当您使用裁剪工具裁剪照片时，同样可以开启三分法网格以辅助操作，如图 2-11 所示。

图 2-11

2.3 导入照片

使用移动版 Lightroom（iOS 或 Android）拍摄照片时，它会自动把拍摄的照片添加到 Lightroom 存储文件夹中，并同步至所有设备。如果照片不是使用移动版 Lightroom 拍摄的，那么在使用桌面版 Lightroom 处理它们之前，需要将它们导入桌面版 Lightroom。

> ♀注意 学习本课内容时，您可以使用 Lessons\Lesson02\02Start 文件夹中的照片，也可以使用自己拍摄的照片。

下面把照片导入桌面版 Lightroom。

❶ 在桌面版 Lightroom 中，在【照片】面板中选择【添加照片】，如图 2-12 所示，启动导入过程。

⊕ 添加照片

图 2-12

❷ 在【选择文件或文件夹】对话框中，打开 Lessons\Lesson02\02Start 文件夹，全选照片，单击【查看以导入】按钮。

❸ 在弹出的确认对话框中，检查要导入的照片是否全部处于选中状态，确认后单击【添加 8 张照片】按钮，如图 2-13 所示。

> ♀注意 每张照片缩览图左上角都有一个复选框，勾选它，可以把对应照片添加到导入集合中，取消勾选可以将对应照片从导入集合中移除。

导入完成后，您选择的照片就被添加到了 Lightroom 中，并在照片展示视图中显示，如图 2-14 所示。

图 2-13

图 2-14

单击用户界面视图切换器中的按钮，可以切换到不同视图。

> 💡 注意　学习本课内容时，如果您想使用自己拍摄的照片，请按照相同流程把它们导入 Lightroom。当然，您也可以使用移动版 Lightroom 现拍一些照片，它们会自动同步到桌面版 Lightroom 中。如果您想使用本书提供的示例照片，请进入 Lessons\Lesson02\02Start 文件夹，在其中即可找到所有照片。

浏览导入的照片

把照片导入 Lightroom 后，就可以浏览它们了。

下面使用 Lightroom 提供的各种过滤器快速找到想要处理的照片。【照片】面板中有多个过滤器，比如【最近添加】【最近的编辑】等，您可以使用这些过滤器过滤导入的照片，快速找出目标照片。

❶ 若当前【照片】面板处于隐藏状态，请将其打开。

❷ 展开【最近添加】选项组，显示出刚刚导入的照片，如图 2-15 所示。在【最近添加】选项组下，照片是按照导入时间分组的。单击某组照片，该组照片就会在右侧区域中显示出来。

图 2-15

> 💡注意　启用某个过滤器后，Lightroom 将只显示符合该过滤条件的照片，其他照片不显示。那些不符合过滤条件的照片仍然存在，只是暂时不显示而已。

❸ 双击某张照片，该照片将在【细节】视图中打开，如图 2-16 所示。

图 2-16

照片下方有一个工具栏，其中有星标（您可以使用它给照片评级）、缩放控件（您可以使用它缩放照片）等工具。照片组中的所有照片以缩览图的形式显示在用户界面下方。

2.4　使用预设和编辑控件

在 Lightroom 中处理照片时，您可以使用 Lightroom 提供的多种预设和编辑控件轻松改变照片外观。

预设是一组预先打包好的调整设置，您可以将其应用到照片上，使照片快速呈现出某种外观。而编辑控件是用于调整照片的多个工具，您需要多次调整它们，才能使照片呈现出您期望的效果。

2.4.1 使用 Lightroom 预设

在【细节】视图下打开目标照片后，就可以编辑照片了。Lightroom 中编辑照片的最快方式是直接将某个预设应用到照片上。

❶ 在用户界面右侧单击【预设】按钮（⚫）。

此时，弹出【预设】面板，其中包含大量预设，还有 AI 推荐预设，如图 2-17 所示。

图 2-17

> 💡 提示　单击用户界面左上角的【照片】按钮（▣），可以快速显示或隐藏【照片】面板。

❷【预设】面板中有【推荐】【高级】【您的版本】3 个选项卡。选择【高级】选项卡，显示出一系列可用预设。

把鼠标指针移动到某个预设上，可立即看到当前照片应用该预设后的效果，如图 2-18 所示。

图 2-18

❸ 选择某个预设后，该预设将以蓝色高亮显示，其下方会显示一个【数量】滑块，用于控制应用强度，如图2-19所示，同时该预设会应用到当前照片上。

向照片应用某个预设后，您可以随时删除或更换预设。再次强调，在 Lightroom 中对照片的一切编辑都是非破坏性的（即无损的）。

❹ 在用户界面右侧单击【预设】按钮，关闭【预设】面板。

图 2-19

关于【预设】面板

首次打开【预设】面板，您看到的是【高级】选项卡。选择【您的版本】选项卡，Lightroom 将列出您自己创建的全部预设。选择【推荐】选项卡，Lightroom 会向您推荐 Lightroom 社区中的预设，如图2-20所示。

图 2-20

【推荐】选项卡下列出的预设是 Adobe Sensei 分析您当前选择的照片后从 Lightroom 社区精心挑选的预设。

【编辑】面板左上方有【自动】和【黑白】两个按钮，如图2-21所示。单击【自动】按钮，Lightroom 将自动调整照片；单击【黑白】按钮，照片将转换为黑白图像，为后续手动调整打下良好基础。

图 2-21

2.4.2 编辑照片

在 Lightroom 中编辑照片涉及很多方面，比如调整画面的光线、色彩和尺寸，以及去除画面中的某些元素等。

相比应用预设，在这种工作流程下，您拥有更高的自由度，能够精确控制照片的每个细节。

❶ 在下方的缩览图区域选择 IMG_1016.jpeg，将其在【细节】视图下打开，如图 2-22 所示。

图 2-22

这张照片拍摄于科罗拉多州一个阴沉的冬日。照片画面有些平淡、单调，需要做一些调整，使其生动起来。

❷ 在用户界面右侧单击【编辑】按钮（▤），打开【编辑】面板，展开【亮度】选项组，如图 2-23 所示。

❸ 调整不同的亮度属性滑块，使照片画面更加清晰、生动。调整时，要特别留意画面中的阴影和高光区域。这里，把【高光】设置为 +16、【阴影】设置为 -26，如图 2-24 所示。

图 2-23

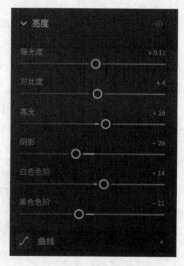

图 2-24

④ 在照片右下方单击【显示 / 隐藏原始照片】按钮（▣）（您可能需要先关闭【编辑】面板才能看到它），可在调整前后的两个画面之间来回切换，便于比较调整效果。

💡注意　在【编辑】面板中，向下拖动面板右侧的滑块，可显示更多调整工具。

2.4.3　裁剪照片

下面运用三分法裁剪照片，使画面构图更紧凑、新颖且充满创意。

❶ 在用户界面右侧单击【裁剪】按钮（▣），此时照片周围将出现裁剪标记，照片画面上出现三分法参考线。

❷ 拖动画面周围的裁剪标记，剪掉周围无关紧要的区域。

❸ 把鼠标指针移动到裁剪区域中，此时鼠标指针变为手形。拖动裁剪区域，使画面中的重要元素（这里是塔楼）位于参考线的交叉点上，如图 2-25 所示。

图 2-25

❹ 按 Return（macOS）或 Enter（Windows）键，使裁剪生效。

2.4.4　使用修复画笔移除对象

在 Lightroom 中使用修复画笔和相关控件可以轻松地从画面中移除不想要的对象。

❶ 在用户界面右侧单击【修复画笔】按钮（▨），打开【修复】面板，选择【修复】模式。

使用修复画笔移除不想要的对象非常简单，只要在不想要的对象上涂抹即可。

❷ 放大照片画面，把包含想要移除的对象的区域突显出来。这里要移除塔楼上方的旗杆，放大画面，使塔楼上方的旗杆突显出来。

❸ 在【修复】面板中拖动画笔的【大小】滑块，或者按左右中括号键（[和]），调整画笔大小，然后涂抹旗杆，将其从画面中移除，如图 2-26 所示。

A
放大画面并
调整画笔大小

B
涂抹要移除的对象

C
移动蓝色标记，改变
采样区域

D
对象被移除

图 2-26

移除目标对象后，如果您觉得效果不理想，可以尝试拖动蓝色标记，换一个采样区域，反复尝试，直到获得令您满意的结果。Lightroom 会使用采样区域的内容替换或修复画笔涂抹的区域。此外，使用【内容识别移除】模式也能获得非常好的移除效果。

> 💡 注意　Lightroom 中所有调整都是非破坏性的，因此您可以把移除的对象重新找回来，再换一种方式进行调整。

2.4.5　使用蒙版调整天空

蒙版是非常强大的工具，它可以将画面中的某个区域与其他区域隔离开来，使得调整仅作用于被隔离的区域（蒙版区域）。

下面使用线性渐变蒙版调整天空区域。

❶ 在用户界面右侧单击【蒙版】按钮（ ），打开【蒙版】面板，其中包含一系列蒙版工具，分别用于创建不同类型的蒙版，如图 2-27 所示。

❷ 选择【线性渐变】。

❸ 在画面的天空区域自上而下拖动鼠标，创建一个线性渐变蒙版，如图 2-28 所示。

图 2-27

图 2-28

❹ 在天空区域中添加好线性渐变蒙版后，在【线性渐变】面板中拖动各个属性滑块，所做的调整将只影响天空区域，这一点从蒙版的缩览图可以得到印证，如图 2-29 所示。

💡 提示 您也可以在弹出的【蒙版】面板中进行操作。

💡 注意 调整照片时经常需要调整画面中某个特定区域的曝光度，比如调整画面中天空区域的曝光度，这时蒙版就派上大用场了。蒙版非常适用于调整画面中某个特定区域的曝光度。

图 2-29

人工智能蒙版

新版本的 Lightroom 添加了一套人工智能蒙版工具，能够帮助您在画面中选择主体、天空、背景等。

在 Adobe Sensei AI 的加持下，这些人工智能蒙版工具能够生成比传统蒙版工具（如画笔、线性渐变等）更加复杂的蒙版。

2.5 组织与分享照片

在 Lightroom 中，除了编辑照片外，您还可以很方便地组织照片，并通过 Web 服务把它们分享出去。

2.5.1 创建相册

相册是一个出色的照片组织工具，能够把照片以有意义的方式组织起来。在 Lightroom 中，您可以轻松创建相册，并为相册起一个易于识别的名称，方便日后查找。

下面新建一个相册，把前面导入的照片放入其中。

❶ 若当前【照片】面板处于隐藏状态，则单击用户界面左上方的【照片】按钮（▣），将【照片】面板显示出来。

❷ 在【照片】面板底部选择【相册】选项卡，如图 2-30 所示。

❸ 单击【创建相册和文件夹】按钮（➕），在弹出的菜单中选择【创建相册】，弹出【创建相册】对话框。

图 2-30

❹ 在相册名称文本框中为相册输入一个有意义的名称，勾选【包括选定的照片】复选框，单击【创建】按钮，如图 2-31 所示。

此时，Lightroom 新建一个相册，并把您当前选择的照片添加到该相册中。

图 2-31

❺ 在当前照片下方的缩览图区域选择您想添加到相册中的照片，把它们拖动至 Book Photos 相册上，Book Photos 相册以蓝色高亮显示，如图 2-32 所示，释放鼠标完成添加操作。

至此，我们就创建好了一个相册，并把一组照片添加到了其中。在【相册】选项卡中单击 Book Photos 相册，中间预览区域将只显示该相册中的照片。由此可见，相册的确是一种将照片按一定逻辑组织起来的好方法。

图 2-32

2.5.2　共享照片

Lightroom 致力于为用户提供优质的云服务，共享照片是其关键功能之一。Lightroom 提供了多种共享照片的方法，以满足不同用户的需求和偏好。

2.5.2.1　在 Web 上共享相册

借助 Lightroom，您可以轻松地把某张照片、某组照片，或者整个相册共享到 Web 上。

首先共享相册。

❶ 在【相册】选项卡中使用鼠标右键单击 Book Photos 相册，从弹出的快捷菜单中选择【共享和邀请】，如图 2-33 所示。

图 2-33

在弹出的【共享和邀请】对话框中，您可以获取一个共享链接，做一些隐私设置，或者自定义照片的显示方式。

❷ 获取一个共享链接，单击共享链接右侧的图标（📋），复制共享链接。自定义共享选项，如图 2-34 所示，单击【完成】按钮。

❸ 打开浏览器，在地址栏中粘贴刚才复制的共享链接。按 Return（macOS）或 Enter（Windows）键，跳转到共享页面，如图 2-35 所示。

在【共享和邀请】对话框中，将【链接访问权限】设置为【任何人都可以查看】后，您可以把该共享链接发送给其他人，这些人可以使用该共享链接查看您的共享相册。

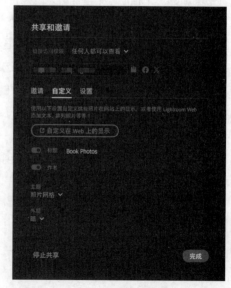

图 2-34

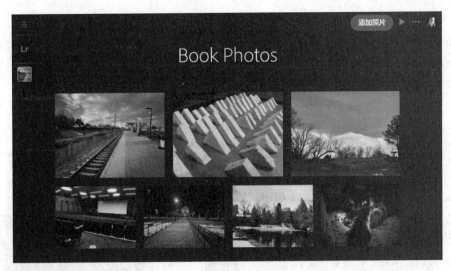

图 2-35

2.5.2.2　导出照片

如果您希望把照片分享到社交平台，或者通过电子邮件分享出去，或者把照片打印出来，则需要将照片以合适的格式导出。

在 Lightroom 中将照片以 JPG 格式导出。

❶ 选择您要导出的照片。

❷ 在用户界面右上方单击【共享】按钮（回）。

此时，Lightroom 打开【共享】面板。

❸【导出】区域列出了多种导出格式，选择【JPG（大）】，如图 2-36 所示。

❹ 在【导出】对话框中，选择保存导出照片的位置，单击【选择文件夹】按钮。

Lightroom 会把您选择的照片按指定格式保存到指定的位置。

图 2-36

2.5.2.3　在 Web 上共享照片

在 Web 上共享照片的流程与导出照片非常相似。

下面把一张照片分享到 Web 上。

❶ 选择您要分享的照片。

❷ 在用户界面右上方单击【共享】按钮（回）。

❸ 在弹出的面板的【共享】区域中，Lightroom 提供了两种共享照片的方式。选择【获取链接】，如图 2-37 所示。

此时，弹出【共享和邀请】对话框，其中显示的选项和前面分享相册时的一样。

❹ 复制共享链接，自定义共享选项，单击【完成】按钮。

图 2-37

2.5.2.4 分享照片至社区

Lightroom 还提供了【分享至社区】功能，通过该功能，您可以把对照片的编辑和调整内容分享到 Lightroom 社区，其他用户都能看到您分享的内容。请注意，把照片分享至 Lightroom 社区，意味着您允许其他用户以各自的方式重新编辑原始照片。

下面把一张照片分享至 Lightroom 社区。

❶ 选择您想分享至 Lightroom 社区的照片。

> 💡 注意　以这种方式共享照片的前提是您的照片已在 Lightroom 中进行过调整。

❷ 在用户界面右上角单击【共享】按钮（ ）。

❸ 在弹出的面板的【社区】区域有一个【分享至社区】选项，选择它，您可以轻松地把选中的照片分享给 Lightroom 社区的众多用户。选择【分享至社区】，如图 2-38 所示。

❹ 在打开的【共享编辑】对话框中，在【标题】文本框

图 2-38

中输入名称，可以在【类别】区域指定类别。打开【启用"存储为预设"】，如图 2-39 所示，允许其他用户把您的编辑过程存储为预设。

图 2-39

❺ 打开【允许重混】，允许其他用户重新编辑您的照片。

❻ 单击【共享】按钮。

2.6　复习题

❶ Lightroom 和 Lightroom Classic 的主要区别是什么？

❷ 什么是三分法？

❸ Lightroom 预设是什么？

❹ 相册和文件夹有什么作用？

❺ 共享相册或照片后，其他人如何访问？

2.7　复习题答案

❶ Lightroom Classic 拥有 Lightroom 所没有的功能，例如打印照片，但它没有云功能，因此只能处理本地文件。

❷ 三分法是一个设计原则，它把整个画面九等分，以帮助您组织画面中的元素。

❸ Lightroom 预设是一组预先打包好的调整设置，选择某个预设，即可将其应用到指定的照片上。

❹ 相册用于组织一系列照片，而文件夹用于组织一系列相册。

❺ 当您分享了某个相册或某张照片并提供共享链接后，其他人可以通过网页版 Lightroom 访问它们。

使用 Photoshop 合成图像

课程概览

本课主要讲解以下内容。

- 桌面版 Photoshop 和 iPad 版 Photoshop 的区别。
- 修复损坏的照片。
- 像素图层和调整图层。
- 使用画笔和颜色给图像上色。
- 启用混合模式和调整图层的不透明度。
- 创建新文档并使用预设。

- 置入图像至文档中。
- 选择并遮住图像局部。
- 创建文本图层。
- 修改字符和段落属性。
- 负空间设计原则。
- 创建与修改形状图层。
- 导出作品。

学习本课大约需要 **2** 小时

在 Creative Cloud 系列软件中，Adobe Photoshop 比较受欢迎，在多个创意行业中得到广泛应用，是图像校正、图像处理和合成的常用工具。

3.1 课前准备

首先浏览一下成品，了解本课要做什么。

❶ 进入 Lessons\Lesson03\03End 文件夹，浏览本课要用到的文件。

❷ 打开 GreenGrapes.jpg 文件，如图 3-1 所示。

GreenGrapes.jpg 是一张黑白照片，经过了着色和修复处理。本课将综合运用污点修复画笔、图层、混合模式、画笔等工具和功能对原始照片进行着色和修复处理，使其最终呈现图 3-1 所示的效果。

❸ 关闭 GreenGrapes.jpg 文件。

❹ 打开 GarlicPoster.png 文件，如图 3-2 所示。

图 3-1

图 3-2

GarlicPoster.png 是一张宣传海报，在设计过程中会用到选区、蒙版、形状、画笔、渐变、文本等工具和功能。

❺ 关闭 GarlicPoster.png 文件。

3.2 了解 Photoshop

Photoshop 比 Lightroom 早出现近 20 年。在 Lightroom 发布之前，Photoshop 是摄影师处理数字照片的主要软件。

Lightroom 推出以来，情况发生了一些变化：Lightroom 专注于数字照片的处理与管理，旨在帮助摄影师提高工作效率；与此同时，Photoshop 在一定程度上转向了其他任务，例如照片修复、合成，以及为照片添加特殊效果等。如今，Photoshop 广泛应用于多个行业。

人们工作中主要使用桌面版 Photoshop，但近年来，Photoshop 紧跟时代发展，陆续推出了 iPad 版和网页版。

3.2.1 桌面版 Photoshop

Photoshop 的桌面版是目前所有 Photoshop 版本中功能最完整、最强大的版本。经过几十年的发展，桌面版 Photoshop 拥有了一系列久经考验的工具和功能，并且依托 Adobe Sensei 引入了各种新功能。

运用 Photoshop 丰富的合成工具和技术，您可以实现天马行空的想法，更好地表达自己独特的感受和创意。

本课主要讲解桌面版 Photoshop，如图 3-3 所示。当然，学习本课内容时，您也可以使用其他版本的 Photoshop（如 iPad 版 Photoshop 和网页版 Photoshop），但是它们的用户界面存在较大差异，请注意这一点。

图 3-3

3.2.2 iPad 版 Photoshop

开发 iPad 版 Photoshop 时，Adobe 公司直接借用了桌面版 Photoshop 的核心代码，因此 iPad 版 Photoshop 基本等同于桌面版 Photoshop。这与过去开发移动版 Photoshop 有很大不同，移动版 Photoshop 虽有 Photoshop 之名，但其实是全新开发的。

iPad 版 Photoshop 和桌面版 Photoshop 最大的区别在于用户界面，iPad 版 Photoshop 的用户界面如图 3-4 所示。开发 iPad 版 Photoshop 时，Adobe 公司重新设计了用户界面，使其更加简洁、实用，并且支持触摸屏或手写笔。

iPad 版 Photoshop 引入了基于云的文件格式——PSDC（Adobe Photoshop Document Cloud）。使用 iPad 版 Photoshop 创建的文档通常可以在其他版本的 Photoshop 中打开，因为它们使用相同的文件格式和代码库来保存和读取文档，各个版本的 Photoshop 文档相互兼容。

尽管 iPad 版 Photoshop 未涵盖桌面版 Photoshop 的所有功能，但 Adobe 公司一直在为 iPad 版 Photoshop 增加新功能和改善现有功能，以满足用户的需求和期望。

图 3-4

Adobe Fresco

    Adobe Fresco 是一款专业的绘图与绘画应用程序，其用户界面如图 3-5 所示。它与 iPad 版 Photoshop 关系密切，融合了 iPad 版 Photoshop 的所有画笔和绘画功能，能够给用户提供流畅的绘画体验。

    Fresco 需要配合手写笔（如 Apple Pencil）使用，不仅能在 iPad、iPhone 等设备上运行，还能在众多支持手写笔或触摸屏的 Windows 设备上运行。

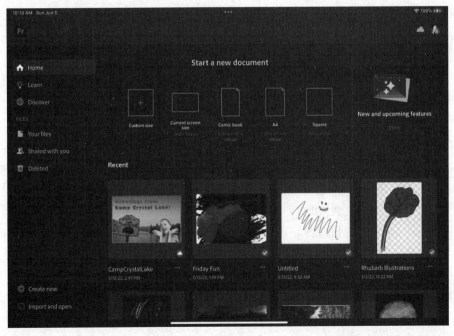

图 3-5

与 iPad 版 Photoshop 一样，Fresco 也使用 PSDC 文件格式。正因如此，Fresco 能够正常打开用 Photoshop 创建的文件，Photoshop 也能打开用 Fresco 创建的文件。

3.2.3　网页版 Photoshop

Adobe 公司还开发了网页版 Photoshop。使用网页版 Photoshop 时，您不需要在本地计算机上安装 Photoshop 软件，只要打开浏览器，输入相应的网址，您就能打开和查看 Photoshop 文档，做一些基本的编辑处理工作，如图 3-6 所示。

图 3-6

如果您的笔记本电脑无法安装桌面版 Photoshop，或者您使用的是 Chromebook，那么网页版 Photoshop 是一个很好的选择。但请注意，目前网页版 Photoshop 主要用于查看和分享 Photoshop 文档，它无法完全取代桌面版 Photoshop。

截至本书编写时，网页版 Photoshop 还是测试版，只允许部分 Creative Cloud 订阅用户使用。随着测试的进行，Adobe 公司会陆续向更多用户开放网页版 Photoshop 的使用权限。

3.2.4　关于光栅图像

学习图像处理技术时，您可能会经常遇到两个术语：光栅图像和位图。事实上，光栅图像和位图是同一类图像，使用 Photoshop 创建和处理的图像就是光栅图像（即位图，后面讲解时均称为位图）。位图由大量以行列方式排列的像素组成，每个像素都包含特定的颜色和亮度信息。

使用 Photoshop 等图像处理软件不断放大位图，您会看到组成图像的像素。图 3-7 展现了同一个图像在不同比例下的效果。

> 💡 **注意** 有关位图和矢量图形的内容将在第 4 课中详细讲解。

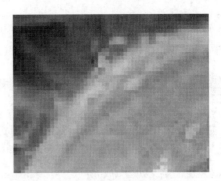

比例为100%   比例为2500%

图 3-7

3.3 使用 Photoshop 处理照片

本节深入讲解 Photoshop，介绍一些基本概念和工具，如修复工具、图层、画笔工具、混合模式等。下面从打开照片讲起。

3.3.1 打开照片

这里我们要做的是修复一张黑白照片，并给它上色。下面在 Photoshop 中打开待处理的黑白照片。

❶ 启动 Photoshop，在菜单栏中选择【文件】>【打开】。

此时，弹出【打开】对话框。

❷ 转到 Lessons\Lesson03\03Start 文件夹，找到名为 Grapes.jpg 的文件。

❸ 选择 Grapes.jpg 文件，单击【打开】按钮。

此时，Photoshop 打开您选中的黑白照片，将其显示在文档窗口中，如图 3-8 所示。

图 3-8

【背景】图层

在 Photoshop 中每打开一张照片（如 JPEG 格式文件），都可以在【图层】面板中看到一个处于锁定状态的【背景】图层，如图 3-9 所示。

JPEG 格式的图片通常只包含一个【背景】图层，Photoshop 会特殊对待这个图层，将其与您在 Photoshop 中创建的普通图层区分开。在【图层】面板中，无论有多少个图层，【背景】图层始终位于底层。此外，许多用于普通图层的功能在【背景】图层上是不可用的。

单击【背景】图层右侧的锁头图标（🔒），可解除图层锁定。解锁【背景】图层后，您就可以像编辑普通图层一样编辑它了，例如，更改【背景】图层的堆叠顺序、应用混合模式等。

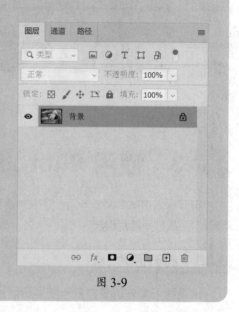

图 3-9

3.3.2 Photoshop 用户界面

Photoshop 的许多功能是通过面板（如【颜色】【色板】【调整】【属性】等）提供的。根据不同的需求（如绘画、修片、制作 Web 图形等）组织文档窗口和面板及其他功能，就形成了不同的工作区。Photoshop 内置了多种工作区。

在用户界面右上方单击【选择工作区】按钮（▣），从弹出的菜单中选择一个工作区，即可切换至所选工作区。如果当前工作区搞乱了，可以选择复位工作区，将其恢复成原始状态。

Photoshop 默认工作区是【基本功能】工作区，如图 3-10 所示。本课将在这个工作区下执行各种操作。如果您的 Photoshop 的当前工作区不是【基本功能】工作区，请使用以下方法之一切换：单击【选择工作区】按钮，在弹出的菜单中选择【基本功能】；在菜单栏中选择【窗口】>【工作区】>【基本功能】。

下面简单介绍一下【基本功能】工作区的各个组成部分。

· **菜单栏：** 位于软件界面顶部，它包含了软件的所有操作命令。在菜单栏中选择某个菜单项，即可执行相应的命令。

· **文档窗口：** 该窗口用于显示当前正在处理的文档。您可以同时打开多个文档，通过选择各个文档选项卡在不同文档之间切换。

· **【工具】面板：** 该面板中包含用于创建和编辑图像的各种工具。有些工具属于同一个工具组，工具图标右下角如果带三角形标记，表示是一个工具组。把鼠标指针移动到某个工具组上，按住鼠标左键，会弹出一个面板列出该工具组下的所有工具。

【工具】面板中有一个【编辑工具栏】按钮（⋯），单击它，打开【自定义工具栏】对话框，在其中您可以自定义【工具】面板。

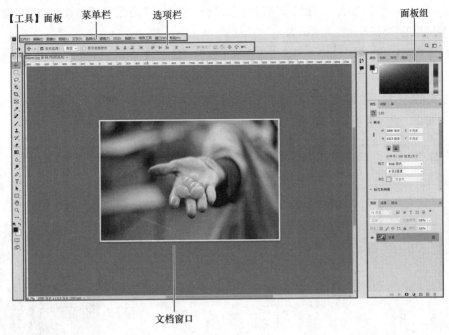

图 3-10

- **选项栏**：显示当前工具的各个控制选项。选择不同工具，选项栏中的控制选项不同。
- **面板组**：若干相关面板可组成一个面板组，若干面板组堆叠在用户界面右侧。本课将用到两个重要的面板，即【属性】面板（用于编辑所选图层的属性）和【图层】面板（用于创建与管理图层）。

在菜单栏的【窗口】菜单中选择未显示的面板，可使其在用户界面中显示出来。如果您特别喜欢某种自定义面板布局，可以单击【选择工作区】按钮（▣），在弹出的菜单中选择【新建工作区】，将其保存为一个新的工作区。保存完成后，在工作区列表中，新的工作区将显示在默认工作区上方。

3.3.3 移除灰尘和划痕

Grapes.jpg 是一张照片的数字扫描件，原始照片是 20 世纪 90 年代中后期使用 35mm 黑白胶片相机拍摄的。照片中有一只伸出的手，手托着几颗葡萄，如图 3-11 所示。

仔细观察画面，可以发现画面中有一些灰尘和划痕。下面我们将从画面中移除这些灰尘和划痕。由于移除灰尘和划痕是一种破坏性操作，所以不能直接在【背景】图层上进行操作，而应该先复制【背景】图层，然后在副本上进行操作。在副本上进行操作可以很好地保护原始【背景】图层，方便日后恢复原样或复用原始【背景】图层。

图 3-11

❶【图层】面板底部有一组按钮。将【背景】图层拖曳至【图层】面板底部的【新建图层】按

钮（▣）上，如图 3-12 所示，然后释放鼠标。

此时，Photoshop 就会在【背景】图层上方新建一个图层，新图层是【背景】图层的副本。默认情况下，新图层的名称为【背景 拷贝】。

❷ 在【工具】面板中，选择【污点修复画笔工具】（▨）。【污点修复画笔工具】与【修补工具】在同一个工具组中。

❸ 在文档窗口上方的选项栏中，确保【类型】为【内容识别】，单击【画笔大小】按钮（⋮˅）。在弹出的面板中，把【大小】设置为 30 像素，如图 3-13 所示。

图 3-12

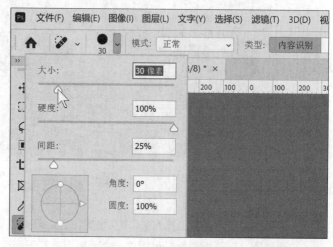

图 3-13

在弹出的面板外部单击，或者按 Esc 键，可隐藏该面板。

❹ 在【图层】面板中，确保【背景 拷贝】图层处于选中状态，在画面左下方找到细长划痕。从划痕一端向另一端拖动，如图 3-14 所示，释放鼠标，Photoshop 会自动识别划痕附近的像素以修复划痕。

修复完成后，细长的划痕就不见了。

图 3-14

💡注意　在 Photoshop 中，【内容识别】是一项强大的修复功能，它利用 Adobe Sensei 人工智能技术从画面中智能地选取合适的像素替换待移除的像素，确保修复后的区域自然流畅、不留痕迹，从而实现令人惊叹的修复效果。

❺ 使用【污点修复画笔工具】去除画面中的其他灰尘和划痕，如图 3-15 所示。对于画面中较小的灰尘和划痕，使用【污点修复画笔工具】点一下即可去除；而对于较长的划痕，则需要沿着划痕拖动才能去除。

图 3-15

3.3.4　使用调整图层改善照片

示例照片的画面层次和对比度看起来还不错，但仍有不小的改进空间。

下面使用调整图层对示例照片做一些改进，使其呈现更好的视觉效果。

❶ 在【图层】面板底部单击【创建新的填充或调整图层】按钮（◓）。

在弹出的菜单中选择【色阶】。

此时，Photoshop 自动在所有图层上方新建一个名为"色阶 1"的调整图层，如图 3-16 所示。

❷ 在【色阶 1】图层上，单击色阶图标（▰）（非白色蒙版图标）。在【属性】面板中，直方图底部有 3 个滑块，它们分别对应阴影输入色阶、中间调输入色阶、高光输入色阶。通过拖动滑块或者直接输入数值，分别把阴影输入色阶设置为 40，高光输入色阶设置为 238，中间调输入色阶保持不变，如图 3-17 所示。

图 3-16

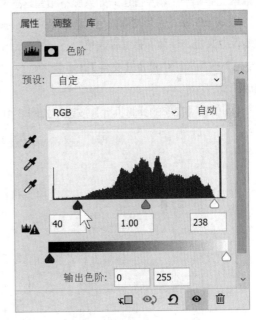

图 3-17

经过如此调整，画面的对比度明显增强，看上去更加清晰、透亮，如图 3-18 所示。

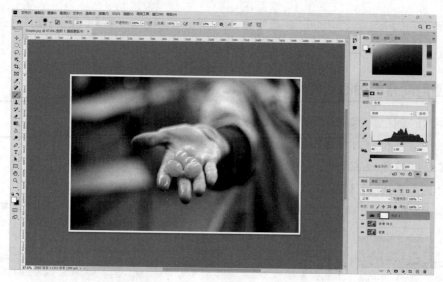

图 3-18

3.3.5 保存为 PSD 文件

JPEG 文件是一种"扁平"的图像，只包含一个图层。前面的调整中我们给原始图像新添加了一个像素图层和一个调整图层。如果您不希望这些图层合并成一个，就不要再用 JPEG 格式保存了。

以 JPEG 格式保存图像算是一种"破坏性"操作。若以 PSD 格式保存图像，Photoshop 会原封不动地保存文档，保留所有编辑信息。

❶ 在菜单栏中选择【文件】>【存储为】，弹出一个对话框，询问您要把文档存储在云端还是本地计算机。

❷ 单击【在您的计算机上】按钮，如图 3-19 所示。

图 3-19

③ 在打开的【存储为】对话框中，转到 Lessons\ Lesson03\03Start 文件夹下，在【保存类型】下拉列表中选择【Photoshop(*.PSD;*.PDD;*.PSDT)】。单击【保存】按钮，把 Grapes.psd 文件保存到指定位置。

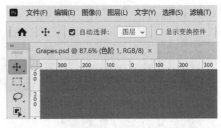

图 3-20

此时，文档选项卡标签中的扩展名变成了 .psd，如图 3-20 所示，表示当前文档是一个 PSD 文档，其中包含了多个图层，以及照片的许多编辑信息。

3.3.6 使用画笔上色

修复和改善照片后，照片仍然是黑白的。下面使用画笔给照片中的葡萄上色。

❶ 在【图层】面板中，在【色阶 1】图层处于选中状态的情况下，单击面板底部的【新建图层】按钮（⊞），在所有图层上方新建一个图层（像素图层）。

此时，该图层中填充的全是透明像素，如图 3-21 所示。

图 3-21

> 💡 提示 在 Photoshop 中，"透明"使用白色和灰色正方形交替排列形成的网格来表示。当您在 Photoshop 中看到这种网格时，就应该知道它代表的是透明。

❷【工具】面板底部有两个颜色框，分别用于设置前景色和背景色。单击前景颜色框，如图 3-22 所示，打开【拾色器（前景色）】对话框。

> 💡 注意 默认情况下，前景色为黑色，背景色为白色。大多数工具都会使用前景色。

图 3-22

③ 在【拾色器（前景色）】对话框的十六进制颜色文本框中直接输入"6bda20"，单击【确定】按钮，如图 3-23 所示，关闭【拾色器（前景色）】对话框。

此时，前景色就自动变为您刚刚设置的绿色。

❹ 在【工具】面板中选择【画笔工具】（✐），然后在选项栏中单击【画笔大小】按钮（ ⤟∨ ）。在弹出的面板中选择【常规画笔】>【柔边圆】，把【大小】设置为 60 像素、【硬度】设置为 50%，如图 3-24 所示。

经过这样的设置，一支硬度适中、适合给葡萄上色的画笔就准备好了。

❺ 在用户界面左下角的缩放比例文本框中输入"350%"，放大画面。

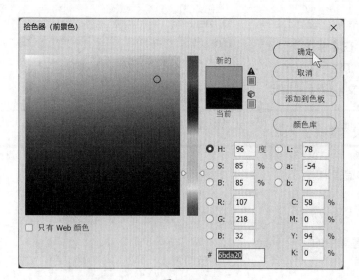

图 3-23   图 3-24

❻ 按住空格键，暂时切换为【抓手工具】。在文档窗口中拖动画面，使葡萄出现在文档窗口中央，如图 3-25 所示。

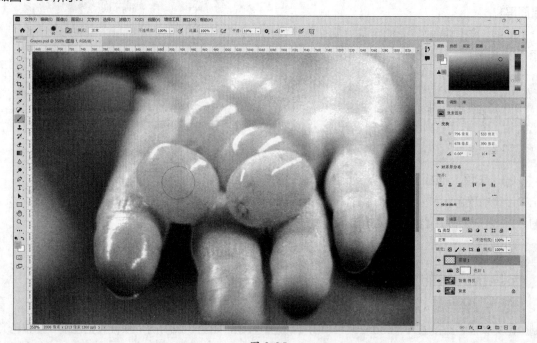

图 3-25

💡提示   通过这种方式，您可以自由地缩放和平移画面，完全掌控图像，能够随心所欲地使用画笔等工具对图像进行处理。

❼ 在【图层】面板中，确保【图层 1】处于选中状态。根据葡萄形状，使用【画笔工具】涂抹葡萄，将其染成绿色，如图 3-26 所示。

此时，厚厚的绿色覆盖了下方的葡萄。

❽ 上色过程中，每涂抹完一颗葡萄，就及时缩小画面，观察整体效果。

涂抹完成后,【图层 1】上的绿色完全盖住了照片中的葡萄,如图 3-27 所示。

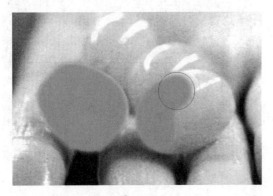
图 3-26

图 3-27

到这里,我们就给葡萄上好了颜色,但看上去很生硬、不真实,下一小节将解决这个问题。

💡提示 某些情况下,给黑白照片中的某个对象或局部区域上色,能够产生令人惊艳的效果。是否需要给整个画面上色,取决于您的具体项目和需求。

3.3.7 应用混合模式

在 Photoshop 中,通过混合模式,我们能够轻松控制当前图层与其下方图层之间像素的混合和作用方式。Photoshop 提供了许多不同的混合模式。

运用混合模式,我们能够让上一小节中涂抹的颜色和照片原有颜色完美融合,使上色效果更加真实、自然。

❶ 在【图层】面板中,确保【图层 1】(上一小节中涂抹的绿色就位于该图层)处于选中状态。【图层】面板顶部有一些控件和设置,图层的混合模式就在其中。【图层 1】当前的混合模式是【正常】,即不应用任何混合模式。单击【正常】,在下拉列表中选择【柔光】,将【图层 1】的混合模式改为【柔光】,如图 3-28 所示。

应用【柔光】混合模式时,Photoshop 会根据混合颜色压暗或提亮颜色。

❷ 双击【图层 1】的名称,使其处于可编辑状态。输入"Grapes",如图 3-29 所示,按 Return(macOS)或 Enter(Windows)键,使图层的新名称生效。

使用 Photoshop 的过程中,合理组织各个图层至关重要,给每个图层起一个合适的名称,有助于组织和管理各个图层。

应用【柔光】混合模式后,葡萄的颜色(绿色)看起来不再生硬,真实、自然多了。相比照片其他部分,上了色的葡萄更加显眼、突出,如图 3-30 所示。

图 3-28

图 3-29

为绿色笔触应用不同的混合模式时，Photoshop 会根据照片中像素的明暗程度，以不同方式将绿色笔触与照片像素混合，从而产生不同的混合效果。您可以自己试一试其他的混合模式，亲身感受一下混合模式的独特魅力。

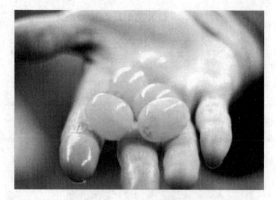

图 3-30

3.3.8 给人物手部上色

下面运用前面学到的有关图层、画笔、混合模式的知识给人物的手部上色。为了获得更好的上色效果，这里还要调整图层的不透明度。

❶ 在【图层】面板底部单击【新建图层】按钮（⊞），新建一个图层。

❷ 双击新图层的名称，输入 "Hand"，按 Return（macOS）或 Enter（Windows）键，使新名称生效。

❸ 将【Hand】图层拖动至【Grapes】图层之下，如图 3-31 所示。

图 3-31

照片中葡萄位于人物手掌之上，把【Hand】图层移动到【Grapes】图层之下，可确保涂在人物手部的颜色在葡萄的绿色之下。

❹ 在【工具】面板底部，把前景色改成类似人物皮肤的颜色（#f4d9be）。

❺ 选择【画笔工具】（ ✐ ），在人物手部涂抹上色，如图 3-32 所示。

> 💡 提示　一旦发现涂错了，您可以使用【橡皮擦工具】（ ✧ ）清除涂错的地方。

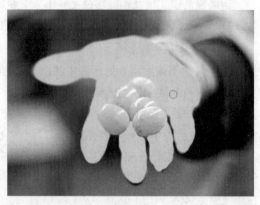

图 3-32

> 💡 提示　涂抹过程中，要根据实际情况随时缩放画面和调整画笔大小，确保涂抹得准确无误。

❻ 在【图层】面板中，确保【Hand】图层处于选中状态，把混合模式设置为【叠加】、【不透明度】设置为 50%，如图 3-33 所示。

应用【叠加】混合模式时，Photoshop 会根据混合颜色对当前图层中的颜色做正片叠底或滤色处理。【叠加】混合模式非常适用于保留图像中的高光和阴影细节。【叠加】和【柔光】两种混合模式产生的效果有点类似。

降低图层的【不透明度】可以使上色效果更加柔和、自然。建议您不断尝试其他混合模式和不透明度，直到获得满意的效果。

到这里，上色工作就全部完成了，效果如图 3-34 所示。您可以就此打住，也可以使用相同方法继续为照片中的其他元素上色。

图 3-33

图 3-34

> **提示** 上色时，不同颜色加在不同图层上，添加的图层越多，颜色层次越丰富，画面越真实。例如，在手掌暗部区域添加深一点的颜色，或者根据明暗在葡萄上添加一些深浅不同的绿色，这样葡萄的立体感会更强，看起来也更真实。

请不要局限于示例中使用的混合模式，建议您尝试不同的混合模式，并根据最终呈现的效果选择最合适的混合模式。

Neural Filters（神经网络滤镜）

Adobe 公司以多种方式在 Photoshop 中引入了人工智能技术。前面讲使用【污点修复画笔工具】去除画面中的灰尘与划痕时提到过【内容识别】，它就应用了人工智能技术。

新版 Photoshop 中加入了一套特殊的滤镜——Neural Filters。这套滤镜就应用了人工智能技术，能够产生一些令人惊叹的效果。其中有一个滤镜可以自动给整张照片上色。

在菜单栏中选择【滤镜】>【Neural Filters】，然后在神经滤镜列表中找到【着色】滤镜。打开【着色】右侧的开关，激活【着色】界面，如图 3-35 所示。

图 3-35

虽然着色是自动的，但您仍然可以进行手动调整，以产生不同的效果。

既然有了自动着色功能，那还有必要花时间学手动着色吗？有，原因有二。

· 手动着色时，您能够完全掌控整个着色过程，从而有更多的空间自由发挥创意、充分表达自己。

· 学习手动着色有助于掌握 Photoshop 基础知识，包括图层、画笔、调整图层、不透明度、混合模式等。

神经网络滤镜目前还带有一定的实验性质，但随着 Adobe 公司不断改进现有滤镜、不断推出新滤镜，相信未来这些滤镜会大放异彩。

3.3.9 导出作品

PSD 是设计师进行创作时常用的文件格式，并不适合用来导出作品。

向普通用户展示和分享自己的作品前，应按照以下步骤用标准图像格式导出作品。

❶ 在菜单栏中选择【文件】>【导出】>【导出为】，如图 3-36 所示。

图 3-36

此时，弹出【导出为】对话框。【导出为】对话框提供了大量的控制选项，用于控制图像导出文件的各种参数，如格式、大小等。

❷ 在【文件设置】选项组，在【格式】下拉列表中选择【JPG】，如图 3-37 所示。

选择【JPG】格式后，您会看到许多该格式特有的设置选项。这里全部保持默认设置不变。

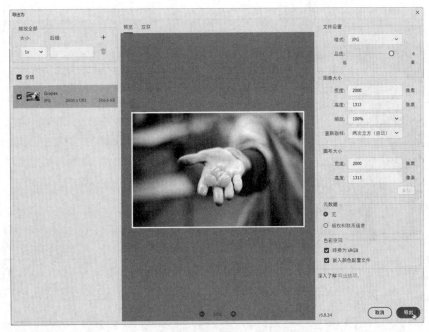

图 3-37

❸ 在对话框右下角单击【导出】按钮，打开【另存为】对话框。

❹ 在【另存为】对话框中，打开要保存导出文件的文件夹，单击【保存】按钮。

成功保存后，您会得到一个 JPG 格式的图像文件。接下来，您就可以把它放在网页上展示，发布到各类社交平台（或其他支持用户发布标准图像格式文件的网络平台），或者通过电子邮件分享给其他人。

重采样

Photoshop 处理的是位图，有一些事项需要您注意。位图由大量像素按照行列结构连续排列而成。调整图像大小时，Photoshop 会进行重采样，为每个受影响的行或列添加一些像素，或者删除一些像素。

缩小图像时，重采样通常不会有什么问题。但是，在把小尺寸图像放大时，情况就变得有点复杂了，因为 Photoshop 需要推测给新添加的像素应用什么颜色。如果照片原始数据缺失或者数据量不够，就会导致推测不准确。

为了说明这一点，我们在 Lessons\Lesson03\03Start 文件夹中准备了一个名为 TinyGrapes.jpg 的图像文件。TinyGrapes.jpg 和前面上色用的照片是一样的，只是尺寸更小，大约是 250 像素 ×164 像素。

在 Photoshop 中打开 TinyGrapes.jpg 文件，从菜单栏中选择【图像】>【图像大小】，在【图像大小】对话框中，把【宽度】修改成 4000 像素、【高度】修改成 2624 像素，在左侧预览区域中，您可以看到画面已经"糊"成一片，如图 3-38 所示。

整个画面看起来效果很差，这是因为我们强制 Photoshop 在画面中添加了大量根本不存在的像素。Photoshop 使用现有像素为新添加的像素推测颜色，但是现有像素数量太少了，导致推测不准确。

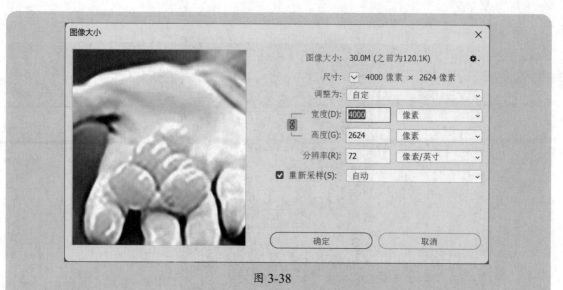

图 3-38

从这里我们可以学到的一点是，尽量向下采样（即减少像素数量），不要向上采样（即增加像素数量）。

3.4 设计宣传海报

本课的第二个项目是设计一张宣传海报，整个项目从创建空白文档开始，而非基于现有内容，这与上一个项目不同。

在海报制作过程中，除了常用的图层、画笔等功能之外，还会用到选区、蒙版、文字等功能。

3.4.1 新建文档

下面基于预设新建一个文档，并将其保存到您的计算机中。

❶ 启动 Photoshop，在【主页】界面中，单击【新文件】按钮，如图 3-39 所示。

此时，弹出【新建文档】对话框。

> 💡 提示   在【主页】界面中，除了新建文档之外，还可以单击【云文档】按钮，打开您已有的云文档。此外，选择【Lightroom 照片】，您可以轻松访问云端 Lightroom 图库中的所有照片。

❷ 选择【图稿和插图】选项卡，浏览该选项卡下的各种预设。

❸ 选择【海报】预设，在文档名称文本框中输入 "GarlicPoster"，单击【创建】按钮，如图 3-40 所示。

图 3-39

此时，Photoshop 就会根据您选择的预设自动创建一个满足设计要求的文档，尺寸为 18 英寸 ×24 英寸，分辨率为 300 像素 / 英寸。

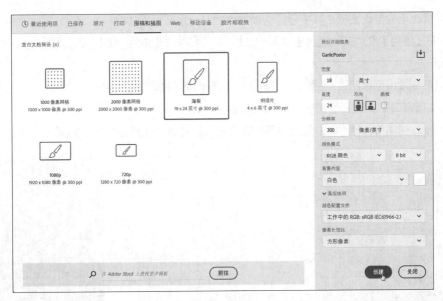

图 3-40

> **提示** 创建基于栅格的文档时，设定的分辨率最好不要低于 300 像素 / 英寸。这样，无论是打印图像文档，还是缩小图像文档，300 像素 / 英寸的分辨率都能保证图像有足够的细节和清晰度。如果一开始把文档分辨率设置成 72 像素 / 英寸，再想改成 300 像素 / 英寸，同时又要保证文档尺寸足够大，就很难了。

④ 保存新文档。在菜单栏中选择【文件】>【存储为】。

此时，Photoshop 弹出一个对话框，询问您是把文档保存至云端还是本地计算机。

⑤ 在对话框中单击【保存在您的计算机上】按钮。

⑥ 在打开的【存储为】对话框中，打开 Lessons\Lesson03\03Start 文件夹，从【保存类型】下拉列表中选择【Photoshop(*.PSD;*.PDD;*.PSDT)】。

⑦ 把【文件名】设置为 GarlicPoster，单击【保存】按钮，Photoshop 将把文档保存至您选择的文件夹下。

3.4.2 设计背景

下面给宣传海报设计一个漂亮的渐变色背景。

❶ 在【工具】面板中，选择【渐变工具】（■）。【渐变工具】和【油漆桶工具】位于同一个工具组。若当前显示的是【油漆桶工具】（🖌），请在【油漆桶工具】上按住鼠标左键，在展开的工具组中选择【渐变工具】，如图 3-41 所示。

❷ 在选项栏中，确保【线性渐变】（■）处于选中状态。单击渐变预设右侧的箭头，如图 3-42 所示。

图 3-41

图 3-42

此时，弹出渐变预设面板，其中分门别类地列出了一系列可用预设。

③ 打开【绿色】文件夹，找到【绿色_18】（ ）。单击【绿色_18】，将其设置为渐变颜色，如图 3-43 所示。

此时，渐变预设面板消失，【绿色_18】成为当前渐变工具的渐变颜色。

④ 在文档窗口中，自上而下拖动鼠标，如图 3-44 所示。

Photoshop 使用【绿色_18】自上而下填充背景，且带有线性渐变效果，如图 3-45 所示。

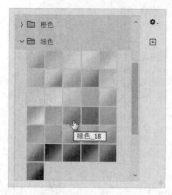

图 3-43

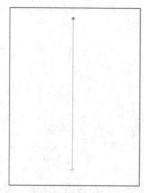

图 3-44

图 3-45

3.4.3　置入图像

下面在海报背景上添加一张照片。

① 在菜单栏中选择【文件】>【置入嵌入对象】。

② 若弹出对话框询问您从何处置入，单击【从本地计算机】按钮即可。此时，弹出【置入嵌入的对象】对话框。

> 💡 **注意** Photoshop 是否会弹出对话框询问您是从云端还是本地计算机置入图像，取决于您上一次置入图像时所做的选择。如果您上一次选择了从本地计算机置入图像，Photoshop 将不会弹出对话框询问您从何处置入图像。

③ 在【置入嵌入的对象】对话框中，打开 Lessons\Lesson03\03Start 文件夹，选择 Garlic_01.jpg 文件，单击【置入】按钮。

此时，Photoshop 把您选择的图像置入文档窗口中央，如图 3-46 所示。

④ 拖动图像周围的控制点，略微放大图像，然后向下拖动图像，使人物的手恰好从海报右下角伸出，如图 3-47 所示。

单击选项栏中的 ✓ 图标，或者双击图像，提交变换，退出图像编辑状态。

此时，置入图像变为智能对象，图层缩览图上出现智能对象图标（▣）。

> 💡 **注意** 智能对象是一个容器，其中包含图像数据，它支持非破坏性编辑，因为您编辑的是容器对象，而非原始图像。

⑤ 从菜单栏中选择【文件】>【置入嵌入对象】，打开【置入嵌入的对象】对话框。

⑥ 在【置入嵌入的对象】对话框中，打开 Lessons\Lesson03\03Start 文件夹，选择 Garlic_02.jpg 文件，单击【置入】按钮。

此时，Photoshop 把您选择的图像置入文档窗口中央。

⑦ 拖动图像周围的控制点，略微放大图像，然后拖动图像，使人物的手恰好从海报左中位置伸出，如图 3-48 所示。

图 3-46

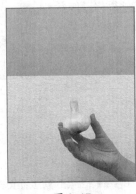

图 3-47

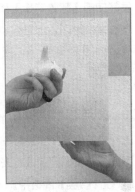

图 3-48

单击选项栏中的 ✓ 图标，退出图像编辑状态。

当前，文档中置入了两张类似的照片，但两张照片本身都带有背景，遮住了海报背景。接下来，解决这个问题。

3.4.4 使用快速操作

为了得到更好的合成效果，需要移除导入照片的背景。下面使用快速操作移除照片背景。

❶ 在【图层】面板中选择【Garlic_02】图层，如图 3-49 所示。在菜单栏中选择【图层】>【栅格化】>【智能对象】。

执行栅格化操作之前，【Garlic_02】图层是一个智能对象。为了从原始照片中移除背景，必须先把【Garlic_02】图层栅格化，即将其从智能对象转换成一个普通像素图层。

顺利完成转换之后，接下来就可以使用快速操作移除照片背景了。

❷ 在【属性】面板的【快速操作】选项组中单击【删除背景】按钮，如图 3-50 所示。

图 3-49

图 3-50

此时，Photoshop 会自动检测照片的背景，然后通过向照片图层应用蒙版（像素蒙版）移除照片背景。

❸ 使用同样的方法，先将【Garlic_01】图层栅格化，再使用【删除背景】移除照片的背景。

虽然使用【删除背景】快速操作能够简化操作步骤、节省大量时间，但是效果并不完美，仍然存在一些瑕疵，如图 3-51 所示。接下来，进一步调整蒙版消除这些瑕疵。

图 3-51

3.4.5 调整蒙版

上一小节使用【删除背景】快速操作大致移除了照片背景，但是结果并不完美，还存在一些瑕疵。下面进一步调整蒙版，去除残留的瑕疵。

❶ 在【图层】面板中，单击【Garlic_02】图层的蒙版缩览图，如图 3-52 所示。

❷ 在【工具】面板中选择【画笔工具】（✐），将前景色设置为白色（#FFFFFF）。

❸ 被移除的背景中有些部分属于人手或大蒜，这些部分是需要显示出来的。使用白色画笔涂抹这些部分，可将其重新显示出来，如图 3-53 所示。

图 3-52

图 3-53

💡提示　在蒙版上，使用白色画笔涂抹的区域会完全显示出来，使用黑色画笔涂抹的区域会完全隐藏起来。使用灰色画笔涂抹时，根据灰色与白色或黑色的接近程度，被涂抹区域的可见度会不同：越接近白色，被涂抹区域越明显（即越不透明或越可见）；越接近黑色，被涂抹区域越不明显（即越透明或越不可见）。

❹ 使用同样的方法调整【Garlic_01】图层的蒙版，确保照片背景被准确移除，如图 3-54 所示。手指之间有残留的背景，请适时放大画面，适当调整画笔大小，把残留的背景清除。

蒙版调整好之后，人手和大蒜在背景的衬托下格外突出和醒目。

❺ 选择【移动工具】（✛），调整两张图像的位置，使其彼此贴近，如图 3-55 所示。

这样一来，海报顶部就留出了充足的空间，便于添加宣传文本。

图 3-54

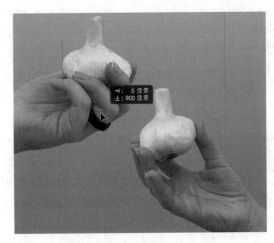

图 3-55

3.4.6 添加文本

处理好图像后，需在海报中添加一些文本，给出大蒜节的相关信息。

❶ 在【工具】面板中，选择【横排文字工具】（），在海报顶部区域单击，创建一个文本图层。输入"Garlic Festival"，如图 3-56 所示，按 Esc 键退出。

图 3-56

此时，【图层】面板中就创建出了一个文本图层，它是点文本。

> 💡注意 在 Photoshop 中，先使用文字工具在文档窗口中单击，再输入文本，可创建点文本。文本对象将根据输入的文字数量自动扩展。

❷ 在【图层】面板中，选择刚刚创建的文本图层，如图 3-57 所示。若文本图层不在顶层，请将其拖动至顶层。

> 💡提示 在【图层】面板中，双击文本图层名称左侧的"T"，可快速进入文本编辑状态。

❸ 打开【属性】面板，在【字符】选项组中进行图 3-58 所示的设置，注意颜色为 #592401。

图 3-57

图 3-58

④ 在【工具】面板中选择【横排文字工具】，在标题下方的空白区域拖动，创建段落文本，确保其不与其他部分重叠，如图 3-59 所示。

此时，【图层】面板中新出现一个文本图层，它是一个段落文本。

⑤ 在段落文本框中输入 "Wednesday Only Join us for a celebration of everything that makes garlic... GREAT!"，如图 3-60 所示，然后按 Esc 键退出。

图 3-59　　　　　　　　　　　　　　　　　　　　　　图 3-60

默认情况下，新输入文本的样式与标题样式一样。这不符合我们的要求，需要修改一下。

3.4.7　修改文本属性

不同于标题文本，信息文本的风格、样式应该是多样的。下面修改信息文本的属性。

❶ 在【图层】面板中，双击信息文本图层左侧的 "T"，如图 3-61 所示，选中所有信息文本。

❷ 在【属性】面板中，设置字体大小为 36 点，显示出所有文本。

❸ 在【段落】选项组中，单击【右对齐文本】按钮（≡），使所有文本靠右对齐，如图 3-62 所示。

图 3-61

❹ 把光标移动至 "WEDNESDAY ONLY" 后，按 Return（macOS）或 Enter（Windows）键换行；移动光标至 "JOIN US FOR A CELEBRATION OF EVERYTHING THAT MAKES GARLIC..." 后，按 Return（macOS）或 Enter（Windows）键换行。此时，信息文本就变成了 3 个段落，如图 3-63 所示。

图 3-62

图 3-63

这样一来，我们就可以很方便地给各个段落应用不同样式。

❺ 选中"WEDNESDAY ONLY"文本，在【属性】面板中，设置字体为【Europa】、字体样式为【Bold】、字体大小为 67 点，如图 3-64 所示。

💡 注意　您可以在 Adobe Fonts 上找到 Europa 字体，但只有加入了 Creative Cloud 订阅计划才能使用它。

❻ 选中"JOIN US FOR A CELEBRATION OF EVERYTHING THAT MAKES GARLIC..."文本，在【属性】面板中，设置字体为【Europa-Light】、字体大小为 58 点，在【段落】选项组中，设置【段前添加空格】（ ⁺🔳 ）为 30 点，如图 3-65 所示。

❼ 选中最后一段文本"GREAT!"，在【属性】面板中，设置字体为【Europa】、字体样式为【Regular】、字

图 3-64

体大小为 58 点，在【段落】选项组中，设置【段前添加空格】为 30 点，如图 3-66 所示。经过这些调整后，若文本超出文本框，请适当增大文本框，确保所有文本都能显示出来。

图 3-65

图 3-66

虽然 3 段文本同属于一个文本框，但由于应用了不同样式，因此在视觉效果上有一定的差异，如图 3-67 所示。而且段落之间留出了合理的距离，有助于观众区分和理解各个段落的含义。

图 3-67

设计原则：负空间

负空间（又叫留白或空白空间）指的是设计作品中文本、图形、图像等元素之间或周围的空白区域，是设计中不可或缺的一部分，如图 3-68 所示。

在一个设计作品中，负空间和正空间（即文本、图形、图像等实体元素占据的空间）同样重要。合理运用负空间可提升设计效果，运用不当则会产生不利影响（如画面元素混乱、不和谐），导致设计作品品质下降。一般来说，设计时应该为各个设计元素留出足够的空间，所有元素挤在一起会导致画面失衡，缺乏美感。

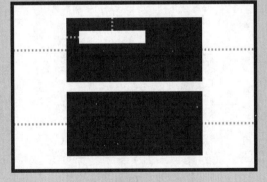

示例项目中，我们在各个视觉元素周围留出了空白，而且在对文字进行排版时也在各个段落之间留出了一定空间。这些负空间很好地平衡了画面的视觉效果，增强了画面层次感，突出了主题。

图 3-68

3.4.8　添加锚定形状

当前标题文本"GARLIC FESTIVAL"孤零零地漂浮在海报顶部。下面在标题背后添加一个形状作为锚定元素，以增强对比，突显标题，把观众的注意力更有效地吸引到标题上。

❶ 在【工具】面板中选择【矩形工具】（■），从海报左上角向右下拖曳绘制一个矩形，宽度与海报相同、高度略大于标题，且使标题上下边缘至矩形上下边的距离相同，如图 3-69 所示。确定好矩形大小后，释放鼠标。

图 3-69

此时，Photoshop 就在海报顶部创建出一个矩形。

❷ 在【图层】面板中，将【矩形 1】图层拖曳至【Garlic Festival】图层下方，如图 3-70 所示。

此时，矩形出现在标题文本背后。

❸ 在【图层】面板中选择【矩形 1】图层，在【属性】面板的【外观】选项组中，把【填色】设置为白色（#FFFFFF）、【描边】设置为【无颜色】，如图 3-71 所示。

图 3-70

图 3-71

这种颜色的变化可立即在文档窗口中体现出来。

❹ 在【图层】面板中选择【矩形 1】图层，将混合模式设置为【柔光】。

拖动【矩形 1】图层的【不透明度】滑块，将其设置为 60%，如图 3-72 所示。

添加好矩形后，标题文本就牢牢地固定在了海报中。而且通过调整不透明度和混合模式，标题文本与渐变背景很好地融合在一起，形成了和谐统一的视觉效果，如图 3-73 所示。

图 3-72 图 3-73

3.4.9 添加装饰元素

在海报左下角添加装饰元素，平衡整个画面，同时增加画面的趣味性，提升设计美感。

❶ 移动鼠标指针至【矩形工具】（■）上，按住鼠标左键，展开该工具组，选择【自定形状工具】（❀）。

❷ 在选项栏中，把【填充】和【描边】设置为黑色（#000000）。单击【形状】右侧的箭头，展开【花卉】文件夹，选择【形状 50】，如图 3-74 所示。

【形状 50】看起来像一株正在开花的野生大蒜。

❸ 按住 Shift 键的同时，在海报左下角拖曳绘制所选形状，如图 3-75 所示。

图 3-74 图 3-75

在海报左下角添加装饰元素，有助于平衡画面元素，确保整体设计的稳定性与和谐性。

❹ 为了让花卉更好地融入整体设计，在【图层】面板中选择【形状 50 1】图层，将混合模式设置为【叠加】，如图 3-76 所示。

此时，花卉和渐变背景很好地融合在一起，如图 3-77 所示。至此，宣传海报就设计完成了。

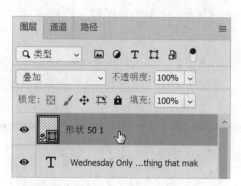

图 3-76   图 3-77

3.4.10 导出海报

下面把设计好的海报以 PNG 格式导出，以便发布到社交平台。

❶ 在菜单栏中选择【文件】>【导出】>【导出为】，打开【导出为】对话框。

❷ 在【导出为】对话框的【格式】下拉列表中选择【PNG】，取消勾选【透明度】复选框，因为海报中不存在透明区域（不同于 JPEG 格式，PNG 格式支持保留透明区域）。

❸ 由于海报要在网页和多个社交平台上展示，因此需要重新调整海报尺寸。在【图像大小】选项组中，把【宽度】设置为 2000 像素，这样一来，导出后的图像尺寸就只有原始尺寸的37%。

❹ 单击【导出】按钮，如图 3-78 所示。

图 3-78

❺ 在弹出的【另存为】对话框中，指定保存位置和文件名，单击【保存】按钮。

> ♀ 注意　由于海报原始文档是 PSD 格式的，尺寸大且分辨率高，因此您可以很轻松地以不同尺寸输出它。不管做什么设计，都建议您把尺寸稍微做大一点，这样输出小尺寸版本的作品时比较容易。

3.5　复习题

① 在 Photoshop 中移除照片中的灰尘、划痕等瑕疵时，使用哪种工具最好？

② 调整画笔大小的快捷键是什么？

③ 混合模式有什么作用？

④ 应用蒙版时，哪种颜色会遮住图层内容？

⑤ 使用文字工具时，在同一个文本图层上可以对不同段落或字符应用不同样式吗？

⑥ 新建 Photoshop 文档时，建议分辨率不低于多少？

3.6　复习题答案

① 在 Photoshop 中移除照片中的灰尘、划痕等瑕疵时，最好使用【污点修复画笔工具】。

② 调整画笔大小的快捷键是左中括号键（[，用于减小画笔）和右中括号键（]，用于增大画笔）。

③ 混合模式用于指定当前图层中的像素如何与其下方图层中的像素进行混合和相互作用。

④ 黑色会遮住图层内容，白色会显示图层内容。

⑤ 可以。在同一个文本图层中，您可以灵活地选择文本中的某些字符，仅修改所选字符的属性；也可以选中整段文本，一次性修改整段文本的属性，以应用不同的文本样式。

⑥ 建议分辨率不低于 300 像素 / 英寸。

第 4 课

使用 Illustrator 设计矢量图形

课程概览

本课主要讲解以下内容。

- 矢量图形与位图。
- 新建文档与使用画板。
- 绘制矢量图形并修改外观。
- 组合基本图形创建复杂图形。

- 添加文本与修改文本属性。
- 多画板重用资源。
- 重复设计原则。
- 导出作品。

学习本课大约需要 **1** 小时

　　Adobe Illustrator 是一款矢量图形绘制和设计应用程序，是制作徽标、标签、包装等创意矢量作品的理想之选。在 Illustrator 中绘制的图形均为矢量图形，具备可无限缩放的特性，且完全无损，无论扩展到多大尺寸都能保持极高的清晰度和细腻度。

4.1 课前准备

首先浏览一下成品，了解本课要做什么。

❶ 进入 Lessons\Lesson04\04End 文件夹，其中包含本课最终制作好的文件，如图 4-1 所示。

图 4-1

3 个文件中，有一个为 AI 文件，另外两个分别是 PDF 文件、PNG 文件，它们是基于 AI 文件中的画板生成的。

❷ 打开任意一个文件。

本课示例项目是为一家咖啡烘焙店——Bad Beans Coffee Roasters 制作一个徽标。设计徽标的过程中，我们会绘制、组合、使用多个元素。

❸ 关闭打开的文件。

4.2 了解 Illustrator

Illustrator 有多个版本，其中桌面版 Illustrator 应用最广泛，此外，Adobe 公司还针对移动设备推出了 iPad 版 Illustrator。用户把设计文件存储到云端后，即可轻松地在不同设备（台式计算机、移动设备）之间同步与处理同一个文件。

4.2.1 桌面版 Illustrator

在 Adobe 系列软件中，Illustrator 是 Adobe 公司历史最悠久的软件之一，深受设计师青睐。经过多年发展，Illustrator 如今拥有丰富多样的工具和面板，借助它们，您可以随心所欲地创建、编辑、制作各类矢量图形。

和其他 Adobe 桌面应用程序类似，桌面版 Illustrator 也有两个版本，分别支持 Windows 和 macOS。本课主要讲解适用于 Windows 系统的桌面版 Illustrator，如图 4-2 所示。

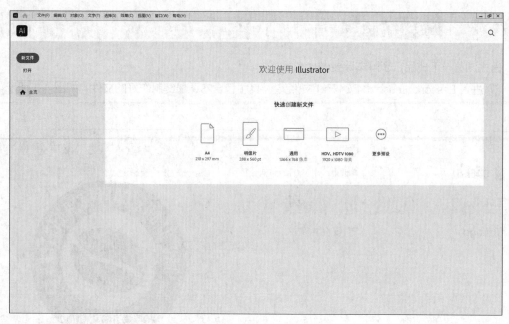

图 4-2

4.2.2　iPad 版 Illustrator

与桌面版 Illustrator 相比，iPad 版 Illustrator 还是个"新兵"，两者使用相同的文件格式，iPad 版 Illustrator 额外支持触摸屏和手写笔（如 Apple Pencil），让您能够以更加直观、自然的方式设计矢量图形，如图 4-3 所示。

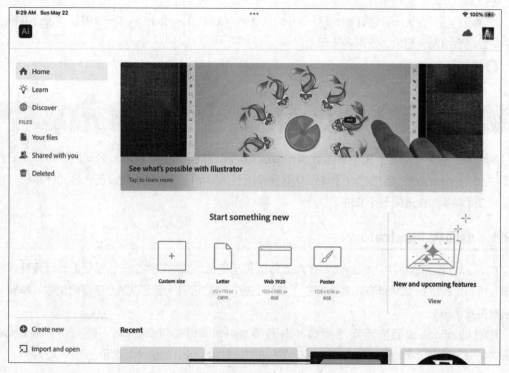

图 4-3

虽然 iPad 版 Illustrator 未包含桌面版 Illustrator 的所有功能，但 Adobe 公司的工程师们充分利用了 iPad 的硬件性能与特性，成功将桌面版 Illustrator 的核心功能移植到 iPad 版 Illustrator 上。

4.2.3　矢量图形与位图

第 3 课讲了 Adobe Photoshop，了解到它主要处理的对象是位图。位图由一个个像素组成，大量像素按照行列方式紧密排列，形成了一幅完整的图像。

事实上，"像素"一词是"图像元素"的简称。位图的分辨率指的是图像中每单位长度内的像素数量，通常以每英寸像素数来衡量。摄影艺术中经常使用位图，因为它能逼真地再现数百万种颜色。

位图的一个主要缺点是，缩放图像时图像的像素数量会发生变化，这个过程称为"重采样"。像素数量无论是增加还是减少，都会对图像质量产生不良影响。重采样时可能会发生各种问题，尤其在放大图像时，出现问题的概率更大。

此外，位图放大到一定程度时，图像的"本性"会暴露无遗，即组成图像的一个个像素会显示出来。位图与矢量图形的对比如图 4-4 所示。

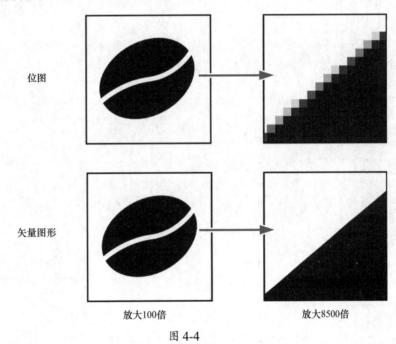

图 4-4

矢量图形本质上是纯粹的数学图形，由一系列路径和点组成，这些路径和点可以组合成无数种图形。

每次在 Illustrator 等矢量图形编辑软件中修改矢量图形的某个属性，软件都会重新绘制整个矢量图形，确保图形始终是清晰的、精确的。这样，矢量图形就具备了可以无限缩放的特性，这和位图明显不同。

正因如此，矢量图形特别适合用来制作一些设计元素，如图标、徽标等，这些元素的应用范围广泛、应用场景多样。为了满足各种需求，经常需要导出多个不同尺寸和分辨率的矢量图形作品。设计印刷品时，最佳选择也是矢量图形。

然而，使用矢量方式展现拍摄内容时会产生极其复杂的图形，计算机显示这些内容需要耗费大量处理器资源进行渲染。因此，展现拍摄内容时最好使用位图，这也正是位图的设计初衷。

4.3 使用 Illustrator

现在，您已经对 Illustrator 的功能和矢量图形的概念有了基本的了解。下面使用 Illustrator 新建一个文档。

4.3.1 新建文档

新建一个 Illustrator 文档，并将其保存为 AI 文件（扩展名为 .ai）。

❶ 启动 Illustrator，在【主页】界面中，单击【新文件】按钮，如图 4-5 所示。

此时，弹出【新建文档】对话框。

❷ 选择【打印】选项卡，选择【信纸】，如图 4-6 所示。

图 4-5

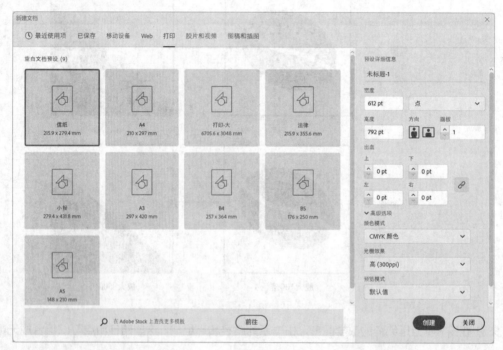

图 4-6

【信纸】预设的尺寸是 215.9mm×279.4mm。

❸【信纸】预设的详细信息显示在对话框的右侧区域。在【预设详细信息】区域中做以下修改。

- 设置文档名称为 Branding。
- 把度量单位改成【英寸】，因为相比默认的【点】，大多数人在打印时更习惯使用【英寸】。
- 在【光栅效果】下拉列表中选择【高（300ppi）】，把光栅效果应用于创建的元素。这样可确保创建的文档拥有理想的打印效果。

❹ 检查无误后，单击【创建】按钮，如图 4-7 所示。

此时，Illustrator 创建一个新文档并将其打开。

⑤ 在菜单栏中选择【文件】>【存储】。

弹出一个对话框，询问您把文档保存至云端还是本地计算机。

⑥ 单击【保存在您的计算机上】按钮，如图 4-8 所示。

图 4-7

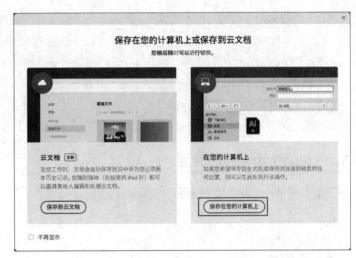

图 4-8

此时，弹出【存储为】对话框。

⑦ 打开 Lessons\Lesson04\04Start 文件夹，单击【保存】按钮。

此时，弹出【Illustrator 选项】对话框。

⑧ 从【版本】下拉列表中选择【Illustrator 2020】，单击【确定】按钮，如图 4-9 所示。

保存完成后，返回创建的新文档。

♀注意 在【Illustrator 选项】对话框的【版本】下拉列表中，也可以选择其他旧版格式。为什么保留旧版本呢？为了满足兼容性和打印设备的要求，许多打印店会要求客户提供指定版本的文档。

图 4-9

保存到云文档

保存文档时，单击【保存在您的计算机上】按钮，Illustrator 会把文档保存到本地计算机上。当然，您也可以单击【保存到云文档】按钮，把文档保存到云端。

若当前打开的文档是一个云文档，则文档选项卡标签左端会显示一个云朵图标，如图 4-10 所示。该图标是区分当前文档是云文档还是本地文档的一个标志。

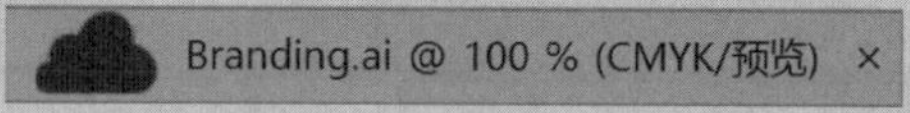

Branding.ai @ 100 % (CMYK/预览) ×

图 4-10

在 Illustrator 中使用云文档的好处如下。

· 文档同步：云文档存放在远程服务器上，只要使用 Adobe 账户登录，无论您身在何处，都能轻松访问云文档。

· 自动保存：编辑文档的过程中，Illustrator 会自动把文档保存至云端。

· 版本控制：编辑文档时，Illustrator 会记录版本编辑历史。

· 合作编辑：您可以邀请其他 Illustrator 用户一起编辑文档或者点评您的文档。

是否把文档保存到云端，完全取决于您的实际需要。如果您希望在 iPad 上也能编辑同一份文档，那么您必须把文档保存到云端。

4.3.2 Illustrator 用户界面

下面介绍 Illustrator 的用户界面，如图 4-11 所示。

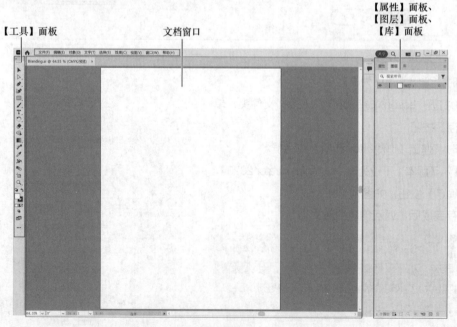

图 4-11

Illustrator 内置了多个工作区，默认是【基本功能】工作区。Illustrator 用户界面右上方有一个【切换工作区】按钮（ ▢ ），单击该按钮，可显示内置工作区列表，选择某个工作区，即可切换至相应工作区。

在【基本功能】工作区中,【工具】面板位于用户界面左侧,里面包含一系列工具;许多重要面板编组在一起,位于用户界面右侧。

Illustrator 用户界面包含以下几个重要的组成部分。

· 文档窗口:画板就位于该窗口中,充当设计的画布。Illustrator 允许同时打开多个文档,每个文档对应一个文档选项卡,在文档窗口顶部单击不同文档选项卡标签可切换至不同文档。

· 【工具】面板:【工具】面板位于用户界面左侧,里面存放了许多工具,设计矢量图形时会用到这些工具。默认情况下,有些工具并没有直接显示在【工具】面板中,单击面板下方的【编辑工具栏】按钮(···),可将所选工具添加至【工具】面板,使其显示出来。

· 【属性】面板:【属性】面板很常用,选中某个对象后,在【属性】面板中可以很方便地修改所选对象的各个属性。当没有对象被选中时,【属性】面板中显示的是当前文档的属性。

· 【图层】面板:在【图层】面板中,您可以管理文档中的图层,轻松地访问每个图层中的对象。

· 【库】面板:借助【库】面板,您可以轻松访问 Creative Cloud 库,并使用其中丰富的设计资源。

除了这些面板,您还可以在【窗口】菜单中选择其他面板,使它们在用户界面中显示出来。

4.3.3　使用画板

当前项目文档中只有一个画板。本课将创建多个设计资源,并把它们组织在不同画板中。

下面复制现有画板,并做一些改动。

❶ 在【工具】面板中选择【画板】工具(▯)。

此时,文档窗口中显示出当前画板的名称,画板周围有一个虚线框,如图 4-12 所示,拖动虚线框上的控制点,可改变画板的宽度和高度。

❷ 若想精确调整画板尺寸,请使用用户界面右侧的【属性】面板。在【属性】面板中,设置【宽】【高】均为 5 英寸,在【名称】文本框中输入"Scratch",给当前画板起一个新名字,如图 4-13 所示。

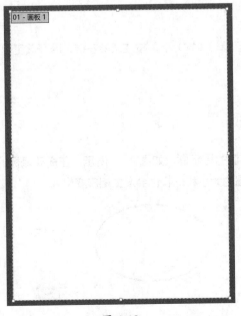

图 4-12

图 4-13

此时，文档窗口中的画板已经发生了变化。

❸ 新建一个画板。在【属性】面板中，单击画板名称右侧的【新建画板】按钮（▣），把名称修改为 Logo，如图 4-14 所示。

图 4-14

新画板（Logo 画板）的宽度和高度保持不变。

❹ 在【工具】面板中选择【选择工具】（▸），退出画板编辑状态。

当前，文档窗口中有两个不同的画板，如图 4-15 所示。其中 Scratch 画板用于制作徽标的组成元素，Logo 画板用于制作徽标。

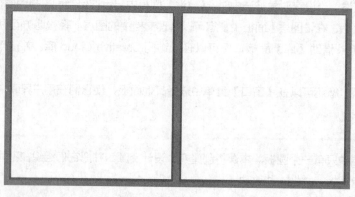

图 4-15

> 💡提示　文档窗口左下方有【画板导航】控件（◂◂ 2 ▾ ▸ ▸▸），借助这些控件，可以轻松地在不同画板之间切换。

4.3.4　绘制圆形

下面在 Scratch 画板中绘制圆形。

❶ 在【工具】面板中，把鼠标指针移动到【矩形工具】（▣）上，按住鼠标左键，展开该工具组，如图 4-16 所示。

该工具组中有多个用于绘制不同形状的工具。

❷ 从工具组中选择【椭圆工具】（●）。

❸ 在 Scratch 画板中拖动鼠标。

此时，鼠标指针右下方出现一个显示宽度和高度值的提示框，如图 4-17 所示。在拖动鼠标的过程中，提示框中的宽度和高度值会不断变化，同时椭圆的大小和形状也会发生相应变化。

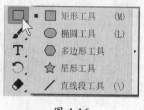

图 4-16

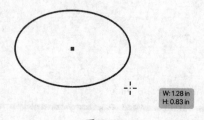

图 4-17

按住 Shift 键拖动，可确保宽度和高度一致，绘制的是圆形，如图 4-18 所示。

❹ 按住 Shift 键拖动，当提示框中显示的宽度和高度值均为 1.25in 时，释放鼠标和 Shift 键，得到一个圆形，如图 4-19 所示。

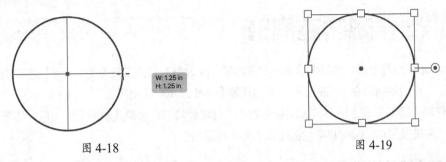

图 4-18

图 4-19

圆形周围有一个变形控制框。拖动变形控制框上的各个控制点，可以轻松调整圆形的大小、形态等。

💡 提示 选择【矩形工具】，按住 Shift 键，按住鼠标左键拖动，将创建一个正方形。事实上，所有形状绘制工具都可以配合 Shift 键使用。

4.3.5 置入参考图像

制作徽标时会用到一个咖啡豆图形，它是一个矢量图形，需要使用 Illustrator 提供的工具制作。当前我们只有一幅咖啡豆图像，它是位图图像，虽然质量低、有点像素化，但作为参考图使用完全没有问题。

下面置入咖啡豆图像，将其作为参考图制作咖啡豆图形（矢量图形）。

❶ 在菜单栏中选择【文件】>【置入】，打开【置入】对话框。

❷ 在【置入】对话框中，打开 Lessons\Lesson04\04Start 文件夹，找到 guide.jpg 文件，选中该文件。在对话框底部，取消勾选【链接】复选框，单击【置入】按钮。

此时，鼠标指针旁边出现所选图像的预览图，如图 4-20 所示。拖动鼠标，可设定图像的置入尺寸；或者在任意位置单击，以原始尺寸置入所选图像。

❸ 在 Scratch 画板中，在任意位置单击。

Illustrator 将所选图像以原始尺寸置入 Scratch 画板，如图 4-21 所示。

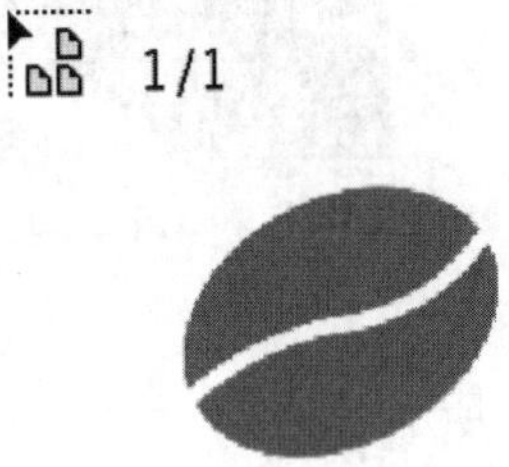

图 4-20

图 4-21

4.4　制作咖啡豆图形

在 Illustrator 中绘制矩形、椭圆等基本形状很容易，因为有对应的工具可用，但绘制复杂图形就没有那么容易了，需要使用复杂一点的工具，有时还需要多个工具配合使用。

下面先使用【钢笔工具】沿着位图图像中的咖啡豆轮廓勾勒，创建矢量图形。然后，使用【直接选择工具】调整矢量图形，确保其与位图图像中的咖啡豆吻合。

4.4.1　使用【钢笔工具】

使用【钢笔工具】绘制的矢量图形本质上由一系列贝塞尔曲线构成，而这些曲线又由锚点、控制手柄、路径确定。

❶ 在【工具】面板中选择【钢笔工具】（🖋）。

❷ 位图图像中的咖啡豆共有上下两部分，把鼠标指针移动至上半部分的右下角，如图 4-22 所示。先绘制咖啡豆的上半部分，其右下角是绘制的起点。

❸ 在右侧尖角按住鼠标左键不放，向右上方拖动鼠标，确保锚点（以正方形表示）上"长出"的左侧控制手柄与咖啡豆的边缘方向一致，如图 4-23 所示。

自锚点往右"长出"的控制手柄与鼠标的拖动方向一致。此时释放鼠标将得到一个平滑的锚点，锚点两侧的控制手柄在一条线上。

❹ 按住 Option（macOS）或 Alt（Windows）键，锚点右侧控制手柄会随着鼠标的拖动而改变方向。拖动至咖啡豆右上方，如图 4-24 所示，释放鼠标和按键，此时第一个锚点就创建好了，它是一个尖角点。

图 4-22

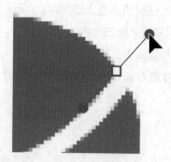
图 4-23

图 4-24

第一个锚点及其控制手柄决定着后续路径的形态和方向。

❺ 移动鼠标指针至咖啡豆上半部分的左侧尖角上，如图 4-25 所示。

此时，左右两个尖角之间出现一条预览路径，显示当前路径的形态。

❻ 在左侧尖角按住鼠标左键不放，拖动鼠标，使控制手柄的方向与咖啡豆的左侧边缘相切。然后按住 Option（macOS）或 Alt（Windows）键，沿着咖啡豆上半部分的底部边缘向右拖动鼠标，如图 4-26 所示，释放鼠标和按键，第二个锚点（位于咖啡豆上半部分的左侧尖角上）就添加好了。

图 4-25

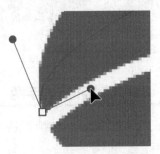

图 4-26

此时，总共添加了两个锚点，它们之间有一条路径。

💡注意　创建好一条路径后，路径就会出现填充和描边。默认设置下，填充颜色是白色，描边颜色是黑色。

❼ 在咖啡豆上半部分底部边缘中间找一个点，按住鼠标左键并拖动，使锚点右侧的控制手柄的方向与底部边缘相切，如图 4-27 所示，释放鼠标，得到一个平滑锚点。

锚点上的控制手柄的方向暂时不需要调整。

❽ 移动鼠标指针至第一个锚点，向左下方拖动鼠标，闭合路径，如图 4-28 所示。

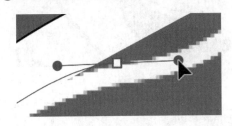

图 4-27

图 4-28

至此，咖啡豆上半部分的矢量图形就绘制好了。

当然，当前矢量图形的形态很粗糙，没有与咖啡豆的上半部分吻合，这一点不用担心，下一小节会解决这个问题。需要注意的是，【钢笔工具】较为复杂，没那么容易上手，初学者需要反复练习才能掌握。

【钢笔工具】

与其他工具相比，【钢笔工具】较为复杂，难以很快掌握。

使用【钢笔工具】有以下注意事项。

· 在一个地方单击，将创建一个不带控制手柄的锚点。当您希望在多个点之间建立直线连接时，可以使用这个方法。

· 在一个地方按住鼠标左键拖动，创建的锚点是平滑锚点，左右两个控制手柄在一条直线上，继续创建锚点，得到的是一条曲线。

· 控制手柄越长，曲线弯曲得越厉害。

- 拖动鼠标的同时按住 Option（macOS）或 Alt（Windows）键，可断开锚点两侧控制手柄之间的连接，单独调整一侧控制手柄的方向，改变曲线形态。
- 添加多个锚点后，再单击第一个锚点，可封闭路径。
- 使用【钢笔工具】绘制矢量图形时，不必苛求一次成功。大致绘制好之后，可以不断修改，直到满足需要。

4.4.2　调整锚点和控制手柄

当前绘制的矢量图形与咖啡豆形态相差较大，不用担心，只需要调整锚点和控制手柄，就能让矢量图形与参考图很好地吻合。

❶ 在【工具】面板中选择【直接选择工具】（▷），单击前面绘制的矢量图形，显示出路径和锚点，如图 4-29 所示。

> 💡 提示　单击某个锚点，可将其选中。

❷ 调整各个控制手柄的方向和长度，使矢量图形与参考图趋向一致，如图 4-30 所示。

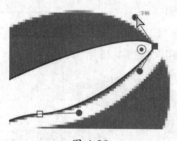

图 4-29

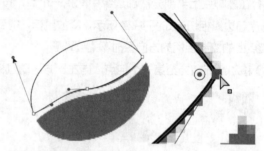

图 4-30

> 💡 提示　既可以直接使用鼠标拖动锚点，也可以使用方向键移动锚点。相比用鼠标拖动，使用方向键调整结果会更精细。

❸ 使用【直接选择工具】（▷）不断调整锚点，直到矢量图形与参考图吻合，如图 4-31 所示。

> 💡 提示　绘制矢量图形时，尽量少添加锚点，只添加必要的锚点。锚点越少，路径调整起来越容易。

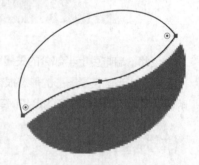

图 4-31

4.4.3　复制矢量图形

前面已经绘制好了咖啡豆的上半部分，下面只需复制，即可得到咖啡豆的下半部分。

❶ 按住 Option（macOS）或 Alt（Windows）键，使用【选择工具】（▶）拖动前面创建的矢量图形（咖啡豆的上半部分），如图 4-32 所示。此时，鼠标指针的形状由单箭头变成双箭头（▶），表示当前执行的是复制操作。释放鼠标和按键，得到一个副本。

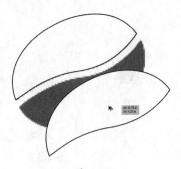

图 4-32

❷ 选中矢量图形副本，其周围出现一个控制框，上面有多个控制点。移动鼠标指针靠近任意一个控制点，鼠标指针变成一个带弧线的双箭头，如图 4-33 所示。此时沿顺时针方向拖动鼠标，将矢量图形副本旋转 180°。

❸ 移动矢量图形副本，使其与咖啡豆的下半部分（参考图）最大限度地贴合，如图 4-34 所示。

当前矢量图形副本无法和咖啡豆的下半部分吻合，需要调整矢量图形副本的形态。

❹ 使用【直接选择工具】（▷）调整矢量图形副本上各个控制手柄的方向和长度，使矢量图形副本与咖啡豆的下半部分（参考图）吻合，如图 4-35 所示。必要时，各个锚点的位置也可以调整一下。

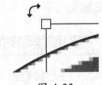

图 4-33

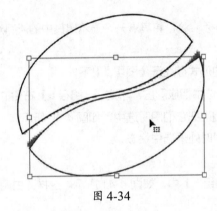

图 4-34

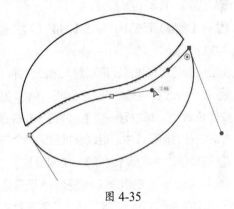

图 4-35

至此，代表咖啡豆上下两部分的两个矢量图形就绘制好了。

4.4.4 修改外观

前面已经绘制好了咖啡豆的上下两部分，接下来需要做的是根据参考图修改矢量图形的外观，比如填充颜色和描边等。

❶ 按住 Shift 键，使用【选择工具】（▸）分别单击两个矢量图形，将它们同时选中，如图 4-36 所示。

此时，出现一个方形控制框，把两个矢量图形同时围住，表示当前两个图形同时处于选中状态。

❷ 打开【属性】面板，在【外观】选项组中，单击【填色】左侧的颜色框，从弹出的【色板库】中选择黑色；单击【描边】左侧的颜色框，从弹出的【色板库】中选择【无】（◹），删除描边，如图 4-37 所示。

此时，两个矢量图形都变为黑色，且没有描边。

❸ 在画板之外单击，取消选择图形，如图 4-38 所示。

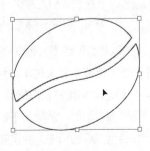

图 4-36

图 4-37

图 4-38

经过调整，咖啡豆的外观确实漂亮多了，不过下方的参考图还是能看出来一部分，下一小节把整个参考图删除。

4.4.5　整理图层和对象

当前文档中已经有多个图层和对象，下面整理一下这些图层和对象。

❶ 在右侧面板组中找到【图层】面板，打开它。若找不到【图层】面板，在菜单栏中选择【窗口】>【图层】，即可将其打开。

❷ 在【图层】面板中，单击【图层 1】左侧的箭头图标（﹀），将其展开，显示出其中的所有对象，如图 4-39 所示。

前面绘制的所有矢量图形和置入的图像都以子图层的形式存在于【图层 1】下。

❸ 各个图层右侧都有一个小圆圈，单击小圆圈，可选中相应图层。单击【<路径>】右侧的小圆圈，按住 Shift 键，单击另一个【<路径>】右侧的小圆圈，把它们同时选中，如图 4-40 所示。

此时，在文档窗口中，组成咖啡豆的两个矢量图形同时处于选中状态。

❹ 在菜单栏中选择【对象】>【编组】。

此时，Illustrator 把两个【<路径>】图层放入【<编组>】中，如图 4-41 所示。这样，由两个矢量图形组成的咖啡豆就可以被当作一个对象看待了。

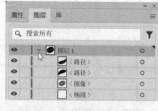

图 4-39

图 4-40

图 4-41

💡提示　当需要调整【<编组>】中的某个对象时，单击【<编组>】左侧的箭头图标，将其展开，然后选择目标对象，使用相关工具编辑即可。

❺ 咖啡豆编组下方是前面置入的当作参考图的位图。当前参考图已经没用了，接下来将它删除。在【图层】面板中，单击【<图像>】图层，然后在面板右下角单击【删除所选图层】按钮（🗑），如图 4-42 所示，将所选图层删除。

删除参考图后，消除了干扰，咖啡豆矢量图形的边缘就显得格外干净了。

在当前文档窗口中，除了咖啡豆之外，还有一个圆形，它是最开始绘制的，如图 4-43 所示。

图 4-42

图 4-43

起初圆形所在的图层位于参考图之下，因此在文档窗口中看不到它。删除参考图后，圆形就重新显露出来了。在【图层】面板中，上方图层中的内容会遮住下方图层中的内容。

❻ 在【图层】面板中单击【创建新图层】按钮（▣），在当前文档中新添加一个图层。

此时，新添加的图层出现在了【图层】面板的最上方。

❼ 将咖啡豆编组拖动至【图层 2】上方，当【图层 2】变成蓝色时，如图 4-44 所示，释放鼠标。

此时，咖啡豆编组就从【图层 1】移动到了【图层 2】之下。

❽ 双击【图层 2】的名称，将其重命名为 Bean。双击【图层 1】的名称，将其重命名为 Misc，如图 4-45 所示。

图 4-44

图 4-45

合理组织图层，并给图层起一个恰当的名称，这点至关重要。

4.5 制作徽标

徽标由多个元素组成，中间是咖啡豆，外围是一个圆环，圆环上有文字。咖啡豆已经制作好了，下面使用 Illustrator 提供的各种工具制作其他元素。

我们需要制作的元素有包裹着咖啡豆的圆环，以及圆环上的文字，这些元素和咖啡豆拼在一起，组成整个徽标。

4.5.1 制作圆环

当前文档中已经存在一个圆形，它是最初创建的对象。下面使用这个圆形制作包裹着咖啡豆的圆环。

需要提醒您一点，当前文档中有两个画板，分别是 Scratch 画板和 Logo 画板，如图 4-46 所示。

制作徽标的过程中，我们会同时用到 Scratch 和 Logo 两个画板，并在这两个画板之间移动设计元素。

❶ 使用【选择工具】（▸）把圆形从 Scratch 画板向 Logo 画板拖曳，并借助智能参考线，找到 Logo 画板中心，把圆心对齐至画板中心，如图 4-47 所示，释放鼠标。

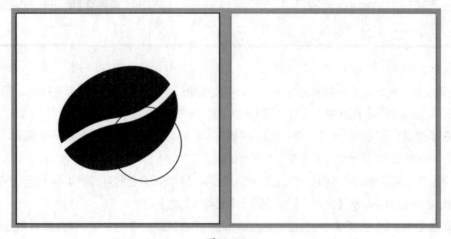

图 4-46

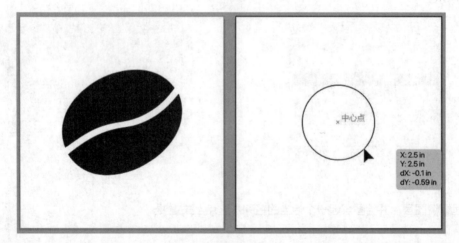

图 4-47

此时，圆形位于 Logo 画板中央。

> 💡注意　在 Illustrator 中，同一个文档中的不同画板共享同一个图层组织结构，因此，即使把圆形从当前画板移动到另外一个画板中，原有的图层组织结构仍然保持不变。

❷ 在圆形处于选中状态时，把鼠标指针移动到任意一个角控制点（控制框的 4 个顶点之一）上，鼠标指针变成一个双向箭头，此时拖动鼠标，可执行缩放操作。同时按住 Shift 键和 Alt 键（macOS 下为 Option 键），向外拖动鼠标，如图 4-48 所示，将以圆心为基准点，等比例放大圆形，当提示框中显示的宽度和高度是 4.5in 时，释放鼠标和按键。

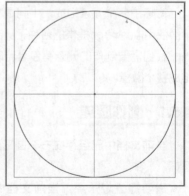

图 4-48

增大尺寸后，圆形占据了画板的大部分区域。

在【属性】面板的【变换】选项组中，检查调整后的圆形的位置和尺寸是否正确，如图 4-49 所示。

❸ 在【外观】选项组中，把【填色】设置为黑色、【描边】设置为【无】，如图 4-50 所示。

图 4-49

图 4-50

此时，圆形内部全部填充为黑色，轮廓线（即描边）无任何颜色。

4.5.2　绘制内圆

当前整个圆形内部漆黑一片，把咖啡豆放入其中，两者难以区分，因为它们都是黑色的。

下面在黑圆内部绘制一个灰色的圆形，确定徽标圆环的厚度。

❶ 按住 Option（macOS）或 Alt（Windows）键，拖动黑圆，得到一个副本，如图 4-51 所示，释放鼠标和按键。

此时，画板中就有了两个黑圆。原始黑圆没有移动，仍然在原始位置。

❷ 在黑圆副本处于选中状态时，在【属性】面板中，把【填色】设置为中灰色，设置【X】与【Y】均为 2.5in、【宽】和【高】均为 3.25in，如图 4-52 所示。

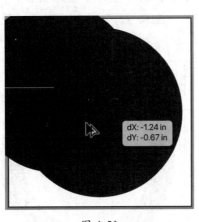

图 4-51

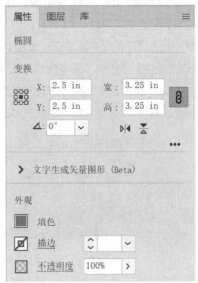

图 4-52

经过这些设置，黑圆副本的尺寸变小，填充颜色变为中灰色，且居于原始黑圆的中心。

> **注意** 为内圆设置填充颜色时，除了灰色外，也可以选择其他颜色，只要确保所选颜色与黑色能够区分开就行了。

当前两个圆形重叠在一起，如图 4-53 所示，周围一圈黑色充当徽标的圆环，随后会在圆环上添加文字，在内部添加咖啡豆矢量图形。

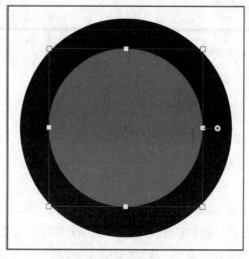

图 4-53

4.5.3 使用路径查找器

下面从黑圆中抠掉灰色圆形，得到黑色圆环。

在 Illustrator 中使用路径查找器可轻松执行“挖洞”操作。

❶ 在 Logo 画板中，按住 Shift 键，使用【选择工具】分别单击两个圆形，把它们同时选中；或者在【图层】面板中，按住 Shift 键，分别单击两个【〈椭圆〉】右侧的小圆圈，如图 4-54 所示。

此时，无论是在画板中还是在【图层】面板中，两个圆形均处于选中状态。

❷ 在【属性】面板的【路径查找器】选项组中，单击【减去顶层】按钮（ ），如图 4-55 所示。

此时，Illustrator 会从黑圆上减去灰色圆形，留下一个黑色圆环，如图 4-56 所示。黑色圆环是一个复合路径，由多个路径组成，孔洞位于路径重叠的地方。

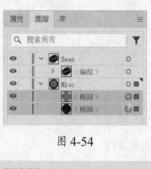

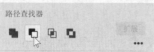

图 4-54

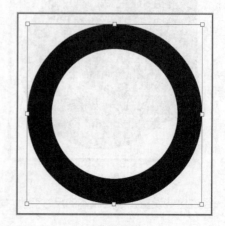

图 4-55

图 4-56

注意 在【路径查找器】选项组中，Illustrator 提供了多种对象组合方式，如联集、交集、差集等，它们产生的结果各不相同，请根据实际需要，选择合适的对象组合方式。

4.5.4 添加咖啡豆

下面复制前面制作好的咖啡豆，将其移动至 Logo 画板中心，然后缩小尺寸，使其位于圆环内部。

❶ 使用【选择工具】在 Scratch 画板中选择咖啡豆，按住 Option（macOS）或 Alt（Windows）键，将咖啡豆拖入 Logo 画板。当咖啡豆出现在 Logo 画板的中心位置时，如图 4-57 所示，释放鼠标和按键。

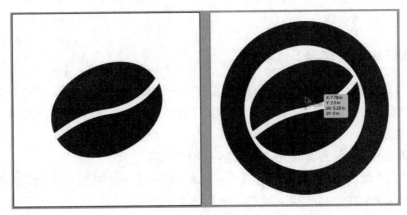

图 4-57

原始咖啡豆仍然位于 Scratch 画板，咖啡豆副本则位于 Logo 画板中心位置。

提示 为了保护原始对象，我们通常会把原始对象单独放在一个画板中，而把副本放到另外一个画板中，这样在编辑副本时，原始对象不会受到任何影响。

当前咖啡豆副本的尺寸太大了，需要缩小一点，确保其位于圆环内部。

❷ 在【属性】面板中，把【X】与【Y】均设置为 2.5in，单击【保持宽度和高度比例】按钮（ ），设置【宽】为 2.3in，如图 4-58 所示。

打开【保持宽度和高度比例】后，调整图形的宽度或高度时，图形的宽高比将始终保持不变。

提示 对齐对象时，若不知道准确的坐标，可使用【对齐】面板（在菜单栏中选择【窗口】>【对齐】打开）或者【属性】面板的【对齐】选项组中的各个控制选项来完成对齐操作。

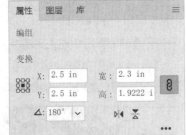

图 4-58

❸ 在【图层】面板中，把【Misc】图层的名称修改为 Logo，将咖啡豆副本拖曳至【Logo】图层上，如图 4-59 所示，当【Logo】图层以蓝色高亮显示时，释放鼠标。

此时，咖啡豆副本移动至【Logo】图层下，原始咖啡豆仍然位于【Bean】图层下。

❹ 找到【Bean】图层左侧的眼睛图标（ ），其右侧有一个方形空白区域，单击空白区域，出现一个锁头图标，表示锁定整个【Bean】图层。使用同样的方法锁定【Logo】图层下的各个对象，但不要锁定【Logo】图层本身，如图 4-60 所示。

使用这种方式，我们可以把已经处理好的图层和对象锁定，仅让那些需要做进一步处理的图层和对象保持可选状态，以避免误操作。

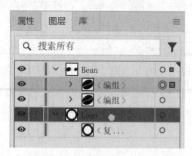

图 4-59

图 4-60

4.5.5　在圆环中添加文字

下面使用【路径文字工具】在徽标圆环中添加文字——BAD BEANS COFFEE ROASTERS。

❶ 在【工具】面板底部单击【默认填色和描边】按钮（▣），设置填充颜色为白色、描边颜色为黑色，如图 4-61 所示。

更改填充颜色和描边颜色后，路径本身更容易辨认和观察。

❷ 在【工具】面板中选择【椭圆工具】（●），拖绘出一个与现有圆形大小相同的圆形，绘制圆形时可使用智能参考线作为辅助工具，圆形绘制好之后释放鼠标，如图 4-62 所示。

❸ 在【工具】面板中选择【路径文字工具】（⤲），该工具与【文字工具】（T）在同一个工具组中，如图 4-63 所示。

图 4-61

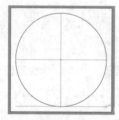

图 4-62

图 4-63

❹ 单击刚刚绘制的圆形的外边缘。

Illustrator 沿着圆形外边缘插入默认文本，如图 4-64 所示，刚刚绘制的圆形变成了路径文字。

❺ 选择默认文本，将其替换为 BAD BEANS COFFEE ROASTERS，如图 4-65 所示。

图 4-64

图 4-65

BAD BEANS COFFEE ROASTERS 是咖啡店名称，必须在徽标中突显出来。

⑥ 选择【选择工具】，退出文字模式，单击文字对象，将其选中。在【属性】面板的【外观】选项组中，把【填色】设置为白色；在【字符】选项组中，设置字体为【Abolition Soft】、字体大小为 44pt、字符间距为 152；在【段落】选项组中，单击【居中对齐】按钮（▤），如图 4-66 所示。

⑦ 在菜单栏中选择【文字】>【路径文字】>【路径文字选项】，打开【路径文字选项】对话框。

在【对齐路径】下拉列表中选择【字母上缘】，勾选【预览】复选框，如图 4-67 所示，实时预览变化，单击【确定】按钮。

此时，添加的文本出现在黑色圆环中。

⑧ 在【工具】面板中选择【选择工具】。此时，路径文字上出现 3 个控制手柄，文字两端、中间各有一个。把鼠标指针移动到文字任意一端的控制手柄上，其右下角出现一个小箭头。拖动控制手柄，旋转文字，当文字恰好出现在圆环上半部分时，停止拖动，释放鼠标，如图 4-68 所示。

💡 注意 调整文字位置时，有时只拖动文字一端的控制手柄是不够的，需要将文字两端的控制手柄都拖一拖，才能让文字出现在正确的位置。

图 4-66

图 4-67

图 4-68

4.5.6 复制与修改路径文字

制作徽标的最后一步是把开店的年份添加至圆环的下半部分，调整圆环，使其更好地贴合文字。

❶ 在【图层】面板中，在【Logo】图层下找到前面添加的文本图层，将该文本图层拖动至面板底部的【创建新图层】按钮（ ⊞ ）上，如图 4-69 所示，释放鼠标。

此时，Illustrator 在【Logo】图层下复制出一个文本图层。

❷ 在【工具】面板中选择【选择工具】，然后在画板中的文本上单击 3 下，如图 4-70 所示。

图 4-69

图 4-70

单击 3 下可同时选中所有文本，便于统一替换成其他文本。

❸ 输入"1976"（代表开店年份），然后按 Esc 键，退出文本编辑状态，如图 4-71 所示。

路径文字处于选中状态时，其上方会出现 3 个控制手柄。

❹ 把鼠标指针移动到中间的控制手柄上，当鼠标指针右下角出现小箭头时，拖动中间的控制手柄，旋转文字（1976），当文字出现在徽标底部时，释放鼠标。

当前，年份（1976）出现在了正确的位置，但却是颠倒的，如图 4-72 所示。

图 4-71

图 4-72

❺ 在菜单栏中选择【文字】>【路径文字】>【路径文字选项】，打开【路径文字选项】对话框。

在【对齐路径】下拉列表中选择【字母下缘】，勾选【翻转】和【预览】复选框，如图 4-73 所示，单击【确定】按钮，关闭【路径文字选项】对话框。

此时，年份位于黑色圆环中，朝向也对了。

❻ 文字位置确定好之后，接下来把黑色圆环加粗一些，多给文字留一些空间，使其看上去不至于太拥挤。在【图层】面板中，单击〈复合路径〉左侧的锁头图标（🔒），将其解锁，如图 4-74 所示。

图 4-73

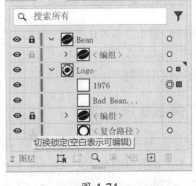

图 4-74

当锁头图标消失后，就可以正常选中并编辑圆环对象了。

❼ 在菜单栏中选择【对象】>【路径】>【偏移路径】，打开【偏移路径】对话框。

❽ 在【偏移路径】对话框中，保持默认设置不变，单击【确定】按钮，如图 4-75 所示。

应用偏移路径后，圆环变得更粗了，整个徽标显得更厚实了。

到这里，整个徽标就制作完成了。制作好的徽标既可以单独使用，也可以作为一个设计元素用在其他周边设计中，比如给咖啡袋设计标签时就可以加上徽标。

图 4-75

设计原则：重复

在同一个设计或者多个相关设计资源之间适度重复使用某些元素，有助于确保整体设计的一致性。重复设计原则主要体现在重复使用相同的颜色、线条、形状，或者在不同画板中把对象放在相同位置。重复元素时，既可以将元素整齐划一、井然有序地排列，也可以将元素错落有致地排列，如图 4-76 所示。

图 4-76

应用重复设计原则时，不仅可以重复简单对象，还可以重复徽标等复杂对象。例如，当创建多个画板分别设计标签、广告、传单等作品时，就可以把本课中设计的徽标作为重复元素，巧妙地融入这些设计中。

4.6 导出作品

Illustrator 提供了多样化的导出格式，让您能够轻松地以不同格式导出设计作品（包括整个画板），以满足不同场合的应用需求。

下面介绍几种常用的导出格式。

4.6.1 保存为 PDF 文件

无论是想把作品保存为数字版用于存档或展示，还是导出为印刷文档交给印刷商，PDF 都是最佳选择。在把作品导出为 PDF 文件后，可以将其整体作为一个设计元素应用在其他项目中。

下面把前面设计好的徽标导出为 PDF 文件。

❶ 在菜单栏中选择【文件】>【存储为】。

❷ 在弹出的对话框询问您要把文档存储在云端还是本地计算机时，单击【保存在您的计算机上】按钮。

❸ 在弹出的【存储为】对话框中，选择目标保存位置，输入文件名。

❹ 在【保存类型】下拉列表中选择【Adobe PDF(*.PDF)】，选择【范围】单选按钮，输入"2"，单击【保存】按钮，如图 4-77 所示。

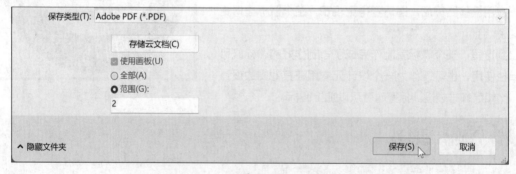

图 4-77

此时，弹出【存储 Adobe PDF】对话框。

❺【存储 Adobe PDF】对话框提供了多个用于控制 PDF 文件生成的选项，您可以选择现成的预设，也可以手动修改这些选项。当前，所有选项保持默认设置不变，单击【存储 PDF】按钮，如图 4-78 所示。

此时，Illustrator 会生成 PDF 文件并将其保存到您之前选择的位置。

❻ 在您的操作系统下，打开【文件资源管理器】，找到生成的 PDF 文件，双击打开，如图 4-79 所示。

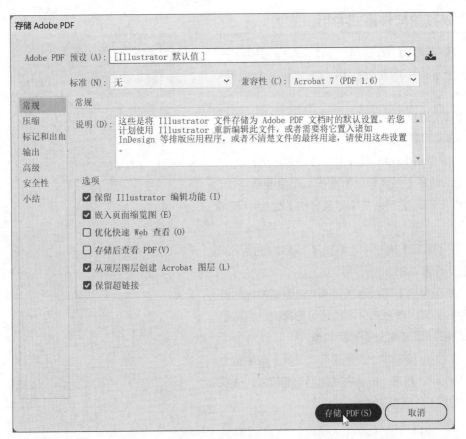

图 4-78

图 4-79

该 PDF 文件中只包含一个画板,您可以轻松地将其应用于其他设计。

4.6.2 以其他文件格式导出

除了【存储为】对话框外，Illustrator 还提供了一个更加灵活且富有弹性的资源生成方式——【资源导出】面板。

使用【资源导出】面板时，您需要明确指定要导出哪些资源及其导出方式。

❶ 在菜单栏中选择【窗口】>【资源导出】。

此时，打开【资源导出】面板，但里面是空的，如图 4-80 所示。接下来在【资源导出】面板中添加资源。

❷ 在【图层】面板中，解锁【Logo】图层下的所有对象，如图 4-81 所示。

向【资源导出】面板添加资源（这里指徽标的各个组成部分）时，资源本身必须是可选择的，也就是说，被添加的资源不能处于锁定状态。

❸ 在 Logo 画板中，使用【选择工具】选中整个徽标，如图 4-82 所示；或者在【图层】面板中，选择【Logo】图层下的所有子图层。

图 4-80

图 4-81

图 4-82

❹ 在【资源导出】面板中，单击【导出设置】右侧的【从选区生成单个资源】按钮（⊞），如图 4-83 所示。

此时，Illustrator 会将您选中的所有对象作为一个资源添加到【资源导出】面板，以供导出。

❺ 在【资源导出】面板中双击资源名称——资源 1，将其修改为 Logo，如图 4-84 所示。

> 💡 注意 类似于给图层命名，我们也需要给资源起一个合适的名字，方便组织和识别各个资源。

图 4-83

图 4-84

❻ 在【导出设置】选项组中，将【缩放】设置为【分辨率】
（300ppi）、【后缀】设置为【无】、【格式】设置为【PNG】。

❼ 在面板底部单击【启动"导出为多种屏幕所用格式"对
话框】按钮（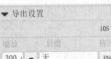），如图 4-85 所示。

此时，弹出【导出为多种屏幕所用格式】对话框。

❽ 确保 Logo 当前处于选中状态，取消勾选【创建子文件
夹】复选框，单击【选择放置导出文件的文件夹】按钮（📁），
指定导出位置。

❾ 单击【适用于导出的文件类型的高级设置】按钮（⚙），
如图 4-86 所示。

图 4-85

图 4-86

此时，弹出【格式设置】对话框。

🔟 在【格式设置】对话框的左侧列表中确保【PNG】处于选中状态，在右侧的【背景色】下拉列表中选择【透明】，单击【存储设置】按钮，如图 4-87 所示。

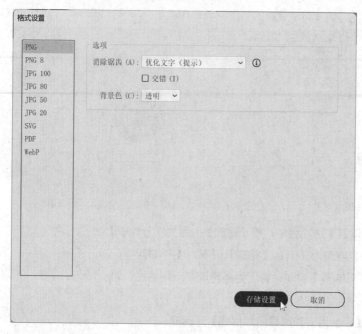

图 4-87

返回【导出为多种屏幕所用格式】对话框。

⓫ 在【导出为多种屏幕所用格式】对话框中，单击【导出资源】按钮。

Illustrator 会在您指定的位置生成一个 PNG 文件，其背景是透明的，如图 4-88 所示。

图 4-88

💡 提示 【资源导出】面板会一直保留您选择的资源和导出设置，即便您关闭 Illustrator，这些设置依然保留着。

4.7　复习题

① 相比位图，矢量图形有什么优势？

② 矢量图形由什么组成？

③ 在 Illustrator 中，画板有何作用？

④ 使用【钢笔工具】时，如何确保绘制出的曲线是平滑的？

⑤ 路径查找器有什么作用？

⑥ 以 PDF 导出包含多个画板的文档时，如何只导出指定画板中的内容？

4.8　复习题答案

① 不同于位图，矢量图形任意缩放时，质量不会下降。

② 矢量图形由锚点和路径组成。

③ 在同一个文档中，通常使用不同画板存放和组织不同的设计元素。

④ 使用【钢笔工具】时，以拖动鼠标的方式添加锚点，不要用单击的方式，这样才能绘制出平滑的曲线。

⑤ 路径查找器提供了多种模式，用于在多个对象之间做合并、分割、减去等操作。

⑥ 在【存储为】对话框中，选择【范围】单选按钮，输入画板编号，Illustrator 将只输出该画板中的内容。

使用 InDesign 设计版式

课程概览

本课主要讲解以下内容。

- 创建和配置 InDesign 文档。
- 跨页和父页面。
- 添加文本元素。
- 调整文本样式与创建可重用样式。

- 层级设计原则。
- 置入和调整图像。
- 使用形状工具和相关文本元素。
- 导出和共享文档。

学习本课大约需要 **1** 小时

　　借助 Adobe InDesign，设计人员能够轻松设计出复杂的版式，比如应用多种文本样式、跨页添加图形元素等，最终生成专业级的印刷文档或者数字出版文档。

5.1　课前准备

首先浏览一下成品，了解本课要做什么。

❶ 进入 Lessons\Lesson05\05End 文件夹，打开 05End.pdf 文件，查看项目的最终效果，如图 5-1 所示。

图 5-1

本课示例项目是制作一个只含两个页面的杂志，介绍有关种植和收获大黄的知识。页面中包含大量介绍性文字，同时配有几张插图（使用 Adobe Fresco 绘制）。

❷ 关闭文件。

5.2　InDesign 简介

Adobe InDesign 是 Adobe 公司精心研发的一款专业级的排版设计软件，广泛应用于各类项目（如海报、杂志、传单、宣传册、CD 小册子、书籍等）的设计制作，是印刷出版行业与数字出版行业的核心工具之一。

InDesign 提供了大量预设，让您能够完全控制设计中文字的排版，以及插入的图形、图像在版面中的位置。

启动 InDesign 后，默认显示的是【主页】界面，如图 5-2 所示，其中包含预设、最近使用过的文件、学习资源，以及从零开始新建文档的方式等。

新建好文档之后，将进入 InDesign 用户界面，在这个界面中，您可以使用 InDesign 提供的各种工具做具体的设计工作。

图 5-2

5.3 新建文档

使用 InDesign 的第一步是新建文档并根据所选文档类型设置好页面。

不论设计何种类型的杂志,跨页的使用频率都相当高,运用好跨页有助于提升杂志的整体视觉效果,优化读者的阅读体验。跨页是指杂志中相连的两个页面形成的一个连续的整体,设计师把它们作为一个设计单元统一进行布局和设计。

5.3.1 使用预设新建文档

下面从 InDesign 提供的众多预设中选择一个,新建文档。

❶ 启动 InDesign,在【主页】界面中单击【新建】按钮,如图 5-3 所示。

图 5-3

此时，弹出【新建文档】对话框，默认显示的是最近使用过的文档设置。

❷ 在对话框中选择【打印】选项卡，显示出一系列针对打印的预设和模板，如图 5-4 所示。

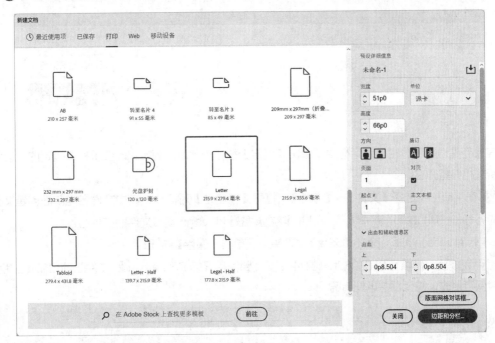

图 5-4

预设是指符合特定纸张和项目规范的空白文档。模板不是空白文档，其中已经预置了一些设计资源、文字排版样式等。

❸ 选择【Letter】，如图 5-5 所示。

❹ 在【预设详细信息】区域中，将文档命名为 Rhubarb，在【单位】下拉列表中选择【英寸】，如图 5-6 所示。

图 5-5　　　　　　　　　　　　　　　　　图 5-6

本课示例项目统一使用【英寸】这个单位。为了不影响学习本课，请务必将单位修改为【英寸】。

❺ 做如下设置：在【页面】文本框中输入"2"，在【起点 #】文本框中输入"2"，勾选【对页】复选框，如图 5-7 所示。

如此设置，可确保杂志跨页是两页。

由于是跨页，所以需要勾选【对页】复选框。而且，起点编号不能是 1，否则两个页面无法形成跨页，因为第 1 页是奇数页。所有奇数页都位于跨页的右侧版面，所有偶数页都位于跨页的左侧版面。

⑥ 做完这些调整后，在对话框右下角单击【边距和分栏】按钮，如图 5-8 所示。

图 5-7　　　　　　　　　　　　　　　　　　　图 5-8

在【新建边距和分栏】对话框中，单击【确定】按钮。此时，InDesign 会根据您指定的设置创建一个新文档并打开它。

⑦ 在菜单栏中选择【文件】>【存储】，打开【存储为】对话框。其中文件名是前面创建文档时输入的名称——Rhubarb，扩展名为 .indd，该扩展名是 InDesign 项目文件的扩展名。

⑧ 转到 Lessons\Lesson05\05Start 文件夹下，单击【保存】按钮。

保存完成后，您就可以在 05Start 文件夹下找到保存好的 Rhubarb.indd 文件。项目制作过程中，请随时保存更改，防止发生意外情况。

栏和边距

【新建边距和分栏】对话框中还有一些属性可以调整，其中大多数属性用于设置参考线，如图 5-9 所示。

图 5-9

本示例项目中，这些属性保持默认设置。下面介绍一下部分属性的含义。

· **栏：**【栏数】用于控制页面上的一组参考线，协助分栏布局；【栏间距】用于控制栏与栏之间的距离。

· **边距：**设置【上】【下】【内】【外】后，InDesign 会根据这些设置值确定参考线的位置，确保参考线与文档边缘之间有一定距离。

5.3.2 InDesign 用户界面

新建好文档之后，正式进入 InDesign 用户界面，如图 5-10 所示。

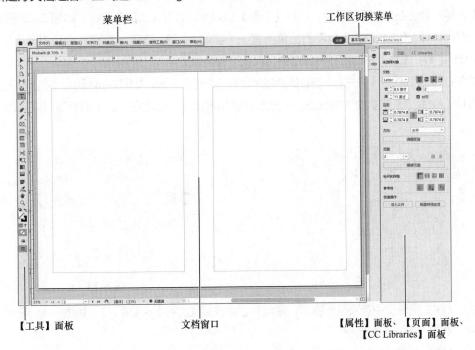

图 5-10

由于最初创建文档时勾选了【对页】复选框，所以在文档窗口中，由两个页面组成的跨页整齐地出现在中心位置。

若非如此，请在菜单栏中选择【文件】>【文档设置】，打开【文档设置】对话框，勾选【对页】复选框，如图 5-11 所示，单击【确定】按钮。

【文档设置】对话框左下角还有一个【预览】复选框，勾选该复选框，可立即预览当前设置的效果。

用户界面左侧是【工具】面板，右侧是一系列面板，其中最重要的是【属性】面板和【页面】面板。

用户界面右上角有一个工作区切换菜单，列出了 InDesign 内置的多个工作区，不同工作区下的面板排列和界面选项都不一样。

默认工作区是【基本功能】工作区，如图 5-12 所示。本课所有操作均在【基本功能】工作区下进行。

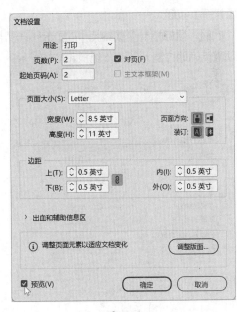

图 5-11

图 5-12

5.3.3 使用主页

设计跨页之前，需要把要用的资源放入主页（父页面），以便在设计过程中随时调用。

❶ 在用户界面右侧的面板组中，选择【页面】选项卡，打开【页面】面板，如图 5-13 所示。

仔细观察，对页 2-3 的左上角和右上角各有一个字母 A，这表示两个页面已经应用了【A- 主页】跨页，添加至【A- 主页】中的所有内容都会出现在这些页面上。

❷ 在【页面】面板中，【A- 主页】与右侧图标之间有一个空白区域，如图 5-14 所示，双击该空白区域。

此时，【A- 主页】就变成选中状态，并显示在文档窗口中。请注意，选中的页面是以蓝色高亮显示的。

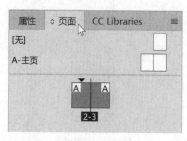

图 5-13

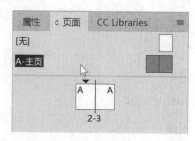

图 5-14

❸ 为了在主页跨页中置入设计资源，在菜单栏中选择【文件】>【置入】，如图 5-15 所示。

此时，弹出【置入】对话框。

❹ 在【置入】对话框中，打开 Lessons\Lesson05\05Start 文件夹，选择 Sky_Photo.jpg 文件，单击【打开】按钮。

此时，鼠标指针变成状，并显示所选图片的预览图，如图 5-16 所示。使用这种方式置入图片，可以更精确地控制 InDesign 缩放和放置图片的方式、过程和细节。

图 5-15

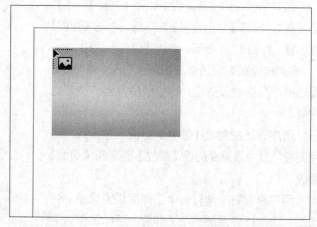

图 5-16

❺ 从跨页左上角向右下角拖动鼠标，确保图片能够完全覆盖整个跨页，图片略微超出跨页边缘是可以的，释放鼠标。

此时，所选图片（位于【A- 主页】）就盖住了整个跨页，如图 5-17 所示。至此，【A- 主页】跨页就用完了。

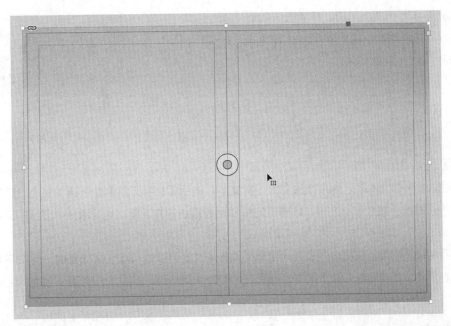

图 5-17

❻ 用户界面左下方有一个页面切换菜单。打开页面切换菜单，选择【2】，如图 5-18 所示。

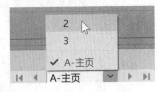

从此开始，您编辑的不再是主页跨页，浏览的文档页面也不再是应用了主页跨页的页面。

图 5-18

💡提示　在【页面】面板中，双击某个页面的图标，可以快速切换至目标页面。

5.4　添加文本元素

前面已经给跨页添加好了背景图片，接下来该在页面中添加文本内容了。

下面创建文本框，把预先准备好的文本粘贴到页面中。

5.4.1　创建文本框

介绍大黄的文章中包含标题和正文，要在页面中显示这些内容，需要分别为它们创建文本框。

在 InDesign 中，文本框是用来盛放文本的布局容器，除了基本文本属性之外，还拥有许多其他属性，下面陆续介绍。

❶ 创建标题文本框。在【工具】面板中选择【文字工具】（T.），在第 2 页中，从边框线左上角向右下方拖曳鼠标，拖动至右边框线，鼠标指针右下角有一个提示框，用于指示当前文本框的宽度和高度，如图 5-19 所示。当提示框中显

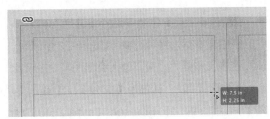

图 5-19

示的文本框高度为 2.25 英寸时，释放鼠标。

❷ 输入标题文本。在文本框中输入"Glorious Rhubarb"作
为文章标题，如图 5-20 所示。

图 5-20

> 💡 **注意**　当前标题文本看起来有点小，而且没有应用样式，显得平淡无奇。暂且如此，等添加完其他文本后，
> 我们再一起添加文本样式。

❸ 再创建一个文本框，用来存放文章正文文本。确保【文字工具】处于选中状态，在标题文本
框左下方的边框线上按住鼠标左键，向右下方拖动至边框线的右下角，当提示框中显示的文本框高度
大约为 7 英寸时，如图 5-21 所示，释放鼠标。

❹ 切换到第 3 页。在左边框线上（距离上边框约 1.5 英寸处）按住鼠标左键，向右下方拖动至
边框线的右下角，当提示框中显示的文本框高度大约为 9 英寸时，如图 5-22 所示，释放鼠标。

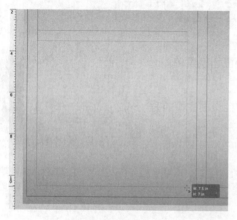

图 5-21

图 5-22

至此，我们就创建了 3 个文本框，其中两个在第 2 页上、一个在第 3 页上。当前只有第 2 页上的
标题文本框中有文字，即前面输入的文章标题。

5.4.2　添加正文内容

在页面中创建好文本框之后，就可以在文本框中输入文字了。如果您手头有现成的大段文本，并
希望将其放入文本框中，该怎么做呢？

针对这种情况，InDesign 提供了非常简单的方法，下面一起
操作一下。

❶ 在【工具】面板中选择【选择工具】（▶），单击第 2 页
中的空白文本框，将其选中，如图 5-23 所示。

选中文本框后，文本框上会出现多个控制点。

❷ 在菜单栏中选择【文件】>【置入】，在打开的【置
入】对话框中，打开 Lessons\Lesson05\05Start 文件夹，选择
Rhubarb_Copy.rtf 文件，如图 5-24 所示。

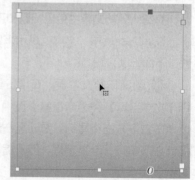

图 5-23

图 5-24

Rhubarb_Copy.rtf 是一个文本文件，其中包含介绍大黄的所有文本。

❸ 在【置入】对话框中，单击【打开】按钮。

此时，InDesign 会把 Rhubarb_Copy.rtf 文件中的文本置入所选文本框，如图 5-25 所示。

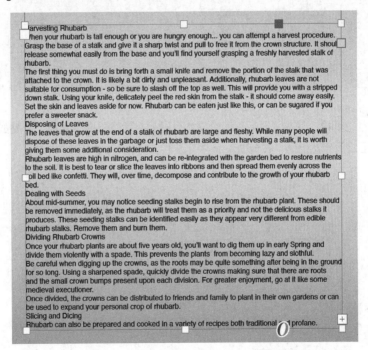

图 5-25

文件中的所有文本都没有格式化，只包含换行符。暂时不要给文本添加格式。

5.4.3　处理溢流文本

　　细心观察，您会发现有些文本并没有在文本框中显示出来。这是因为文本框尺寸偏小，无法容纳所有文本，超出文本框的内容被自动剪掉了。在 InDesign 中，这样的文本称为"溢流文本"。下面一起解决这个问题。

❶ 在文本框仍处于选中状态时，文本框右下角有一个白色的方块图标，里面有一个红色十字。单击该图标，告诉 InDesign 把溢流文本放在何处。

单击溢流文本图标，鼠标指针旁会出现溢出的文本，移动鼠标指针时，溢流文本也跟着一起移动，如图 5-26 所示。

❷ 把鼠标指针移至第 3 页，单击空白文本框，InDesign 就会把第 2 页的溢流文本放入第 3 页的文本框中，如图 5-27 所示。

图 5-26

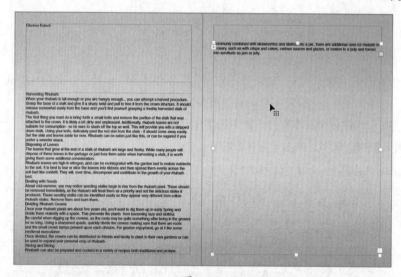

图 5-27

当两个文本框之间建立这种关系后，两个文本框看起来就像是一个整体，调整或编辑文本时，文本会在两个文本框之间自然流动。在 InDesign 中，这种文本框称为"串接文本框"。

使用【印前检查】面板

当把文本置入第 2 页的文本框中时，用户界面底部会出现一个错误标记。该错误同时也会出现【印前检查】面板中，如图 5-28 所示。从菜单栏中选择【窗口】>【输出】>【印前检查】，可打开【印前检查】面板。

您会发现【印前检查】面板非常有用。当出现错误时，【印前检查】面板会立即通知您，以便您及时处理错误。

出现溢流文本时，InDesign 会立即给出警告，而且会给出是哪个对象导致了这个问题，有助于您解决相关问题。

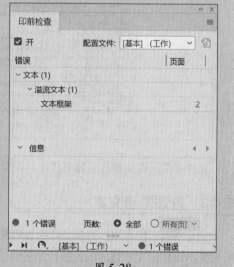

图 5-28

5.4.4 分栏

默认设置下，每个文本框都只有一栏（或者说一列）。一般来说，杂志或报纸的版面尺寸较大，假如整个版面只有一栏，读者阅读时，视线需要从版面最左侧一直移动到最右侧，时间久了，很容易引发视觉疲劳。

一个常见的解决办法是把文本框划分成多栏，并将文字分散到不同栏中。

❶ 选择第 2 页的文本框。在【属性】面板中，找到【文本框架】选项组，可以看到【栏数】为 1，如图 5-29 所示。

❷ 请确保当前使用的单位是英寸。在【文本框架】选项组中，把【栏数】设置为 2、【栏间距】设置为 0.333 英寸，如图 5-30 所示。

图 5-29

图 5-30

❸ 使用同样的方法把第 3 页的文本框也设置成两栏，如图 5-31 所示。

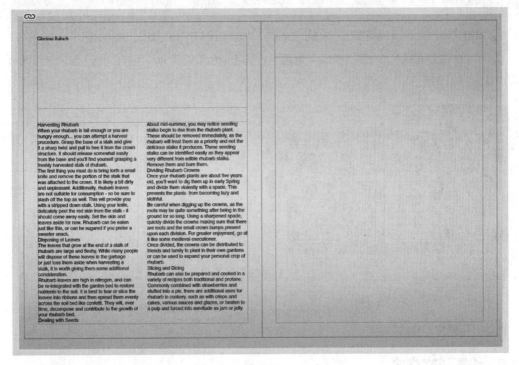

图 5-31

这样设置后，串接文本框中的文本会随之调整。

5.4.5 给标题文本添加样式

前面已经把所有文本都添加到页面中了，但当前文本仍然保留着原有样式，看起来并不美观。

下面给标题文本添加样式，增强其美感。

❶ 选择【选择工具】，在第 2 页的第 1 个文本框上单击 3 次，进入文字编辑状态。

在【属性】面板中，找到【字符】选项组，如图 5-32 所示。

❷ 为文章标题选择一种装饰性字体。这里选择【Charcuterie Deco】，将字体大小设置为 72 点，如图 5-33 所示。

图 5-32

图 5-33

> 💡 注意　您可以在 Adobe Fonts 上找到 Charcuterie Deco 字体，但只有加入了 Creative Cloud 订阅计划才能使用它。

❸ 双击文本框，可直接编辑文本；拖选文本，可选中所有字符，如图 5-34 所示。

❹ 在【属性】面板中，找到【外观】选项组，把【填色】设置为红色（C=15、M=100、Y=100、K=0），如图 5-35 所示。

图 5-34

图 5-35

此时，标题文本变成红色。

5.4.6　设置正文样式

下面给正文添加样式。

❶ 选择正文文本框中的所有文本，如图 5-36 所示。

❷ 在【属性】面板中，找到【字符】选项组，选择一种简洁的字体（如 Agenda），设置字体大小为 15 点、行距为 21 点，如图 5-37 所示。

图 5-36

图 5-37

各行文字之间的距离增大，有透气感，运用得当能大大提高文本的可读性。

> 💡注意 您可以在 Adobe Fonts 上找到 Agenda 字体，但只有加入了 Creative Cloud 订阅计划才能使用它。

> 💡注意 行距指两个文本行之间的距离，字符间距指两个字符之间的距离。

❸ 在【属性】面板的【段落】选项组中，选择对齐方式为【双齐末行齐左】，设置【段前间距】【段后间距】均为 0.0833 英寸，如图 5-38 所示。

图 5-38

【段前间距】和【段后间距】指定了相邻段落之间的距离。把【段前间距】和【段后间距】均设置为 0.0833 英寸，可确保段落在视觉效果上有清晰的间隔。

> 💡注意 这里使用的长度单位是创建文档时指定的单位。

❹ 使用【选择工具】单击文档外的空白区域，取消选择所有文本，如图 5-39 所示。

图 5-39

经过前面一系列设置，正文文本整齐有序地排列在页面中，标题文本突出、醒目，整个版面的美观度大幅提升。

5.4.7　为各个小标题设置样式

下面为各个小标题设置样式，使其更加醒目、突出，方便读者快速浏览和识别各部分内容。

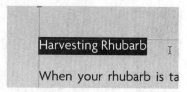

❶ 在第 2 页的第 2 个文本框中，使用【文字工具】选中第 1 个小标题——Harvesting Rhubarb，如图 5-40 所示。

图 5-40

❷ 在【属性】面板中，找到【字符】选项组，选择字体为【Charcuterie Etched】，设置字体大小为 28 点、行距为 24 点，如图 5-41 所示。

这里所选字体与文章标题字体非常相似，但又有一些差异。这样一来，小标题一方面与大标题和谐统一，另一方面又与正文形成鲜明的对比。

❸ 在【属性】面板的【段落】选项组中，选择对齐方式为【左对齐】，设置【段前间距】为 0.2361 英寸，如图 5-42 所示。

图 5-41

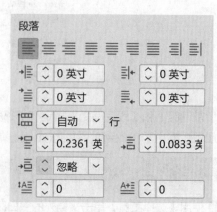

图 5-42

④ 在【属性】面板中，找到【外观】选项组，把【填色】设置为绿色（C=75、M=5、Y=100、K=0），如图 5-43 所示。

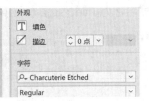

图 5-43

插图以红色和绿色为主，大标题使用红色、小标题使用绿色，可确保整体视觉效果和谐统一。

当前版面中大标题和小标题非常和谐，如图 5-44 所示。

这样设置不仅紧贴主题，还有助于提升文字的可读性，使读者能够流畅地阅读并深入领会内容。

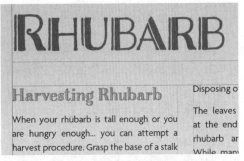

图 5-44

5.4.8　创建文本样式

前面给大标题、小标题、正文应用了不同的样式，但并未把它们定义成文档样式，因此无法在整个文档中重用。

下面把前面设置的文本样式定义成新样式，并将其保存起来，以便在整个文档中重复使用。

❶ 若 Harvesting Rhubarb 当前未处于选中状态，使用【文字工具】选中它。

❷ 在【属性】面板的【文本样式】选项组中，单击【新建段落样式】按钮（▣），基于所选文本样式新建段落样式，如图 5-45 所示。

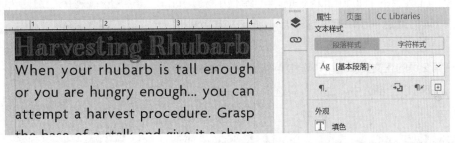

图 5-45

> 💡 **注意**　在【文本样式】选项组中，若当前所选文本样式未保存，则显示为【[基本段落]+ 】。小加号表示已经应用了样式覆盖，【基本段落】样式是新文档中使用的默认段落样式。

❸ InDesign 提示为新段落样式命名。输入"Heading"，如图 5-46 所示，然后按 Return（macOS）或 Enter（Windows）键，使修改生效。

❹ 使用同样的方法定义正文样式。在同一个文本框中，从小标题下方的正文中任选一个单词，在【属性】面板的【文本样式】选项组中，单击【新建段落样式】按钮（▣），设置样式名称为

Body，如图 5-47 所示。

⑤ 选中文章标题文本，在【属性】面板的【文本样式】选项组中，单击【新建段落样式】按钮（▣），设置样式名称为 Title，如图 5-48 所示。

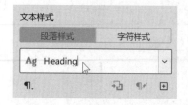

图 5-46

图 5-47

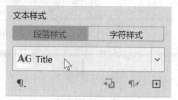

图 5-48

至此，3 种不同的段落样式就创建好了，您可以在文档中重复使用它们。一旦通过这种方式定义好样式，您就能轻松、高效地在文档中应用、调整以及重复使用这些样式。

段落样式与字符样式

细心的朋友可能已经注意到了，在【属性】面板的【文本样式】选项组中，不仅可以创建段落样式，还可以创建字符样式，如图 5-49 所示。

图 5-49

段落样式和字符样式是两种不同的样式，有不同的用途，两者基本的区别如下。

段落样式： 保留字符样式与段落样式，应用于整个段落。

字符样式： 仅保留字符样式，应用于段落中的特定文本，而非整个段落。

一个段落允许同时应用多种字符样式，但只允许应用一种段落样式。

5.4.9 应用自定义文本样式

下面把前面定义的【Heading】样式应用到其他小标题上。这是文字处理的最后一步，完成这一步，所有文字就处理好了。

① 在第 2 页的正文文本框中，选中小标题——Disposing of Leaves。您可以全部选中，也可以只选择其中一部分，如图 5-50 所示。

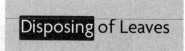

图 5-50

💡 **注意** 向某段文字应用段落样式时，可以全选整段文字，也可以只选择其中一部分，甚至只需要把光标放入段落文本中。由于段落样式是应用于整个段落的，所以选择多少文本其实并不重要。

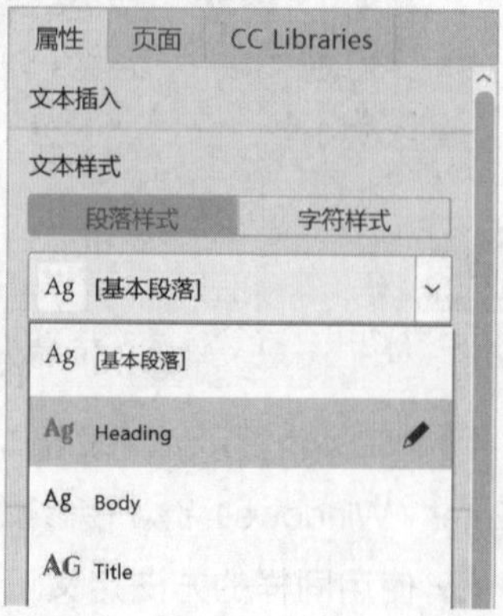

② 在【属性】面板的【文本样式】选项组中，选择【Heading】样式，如图 5-51 所示。

此时，InDesign 就会把前面创建的【Heading】样式应用于所选标题。

图 5-51

❸ 使用同样的方法为其余几个小标题（即 Dealing with Seeds、Dividing Rhubarb Crowns、Slicing and Dicing）应用【Heading】样式，效果如图 5-52 所示。

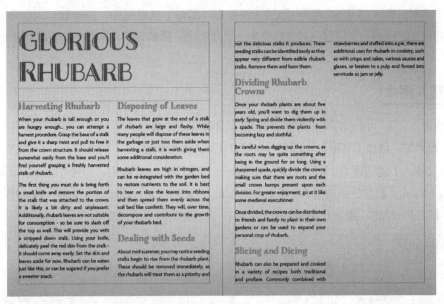

图 5-52

到这里，整个文档中的所有文本就都设置好了样式。

💡提示　在 InDesign 中，您可以轻松修改已定义好的段落样式：首先选择应用该样式的文本，然后在【属性】面板中修改文本样式，最后在【文本样式】选项组中单击【重新定义样式】按钮（🔲）。修改完成后，所有应用该段落样式的段落都会跟着自动更新。

设计原则：层级

层级设计原则并不适用于所有文本，但是当您在文档中格式化与编排基于文本的元素时，层级设计原则就尤为重要。

示例文档中，各个元素之间的层级关系非常明显。文章标题字体大，能够与其他部分明显区分开；各个小标题的字体和间距设置得当，也很突出；正文段落之间的区分也一目了然。

此外，您还可以把层级设计原则应用于非文本的视觉元素。借助加大尺寸、增强对比或运用负空间等方式，使某些元素在视觉上相较于其他元素更具分量感，在重要程度上形成一定的层次结构，从而达到突显的目的，如图 5-53 所示。

图 5-53

5.5 添加图形、图像

除了文字外，我们还要在版面中添加一些图形、图像。这些图形、图像既可以作为设计元素，增加文章的视觉吸引力，又可以作为信息载体，为读者提供更多信息，从而帮助他们更好地理解文字内容。

5.5.1 置入图像

类似于置入文字，我们也可以使用相同方法把图像置入页面。

❶ 在菜单栏中选择【文件】>【置入】，打开【置入】对话框。

❷ 在【置入】对话框中，打开 Lessons\Lesson05\05Start 文件夹，按住 Command（macOS）或 Ctrl（Windows）键，分别单击 Rhubarb_Stalk.png 与 Rhubarb_Bits.png 文件，将它们同时选中，然后单击【打开】按钮，如图 5-54 所示。

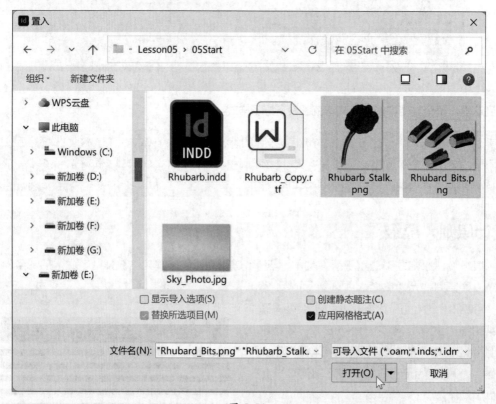

图 5-54

此时，InDesign 就会把选中的两幅图像显示在鼠标指针右下角，等待置入文档。

💡注意　两个插图均使用 Adobe Fresco 绘制。若想进一步了解 Fresco，请阅读第 3 课的相关内容。

❸ 在文档中上部拖动鼠标，置入第 1 幅图像（大黄茎叶）。在版面右下角拖动鼠标，置入第 2 幅图像（大黄茎块），如图 5-55 所示。

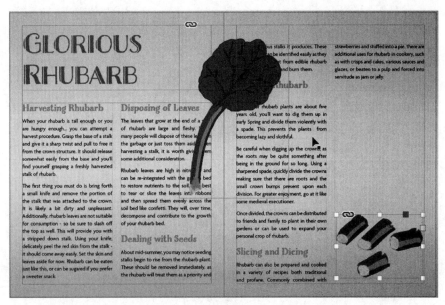

图 5-55

置入完毕后，接下来进一步调整图像的位置、大小和旋转角度。

5.5.2 调整图像大小

在 Illustrator 中可轻松调整图像的大小、位置、旋转角度，调整方法有两种：一种是在文档中选中图像，调整控制点；另一种是在【属性】面板中找到相应属性直接输入数值。

下面分别尝试一下这两种方法。

❶ 使用【选择工具】选择第 1 幅图像（大黄茎叶）。

❷ 在【属性】面板的【变换】选项组中，开启【约束宽度和高度的比例】（🔒），在【高度】文本框中输入 8.25 英寸，设置【旋转角度】为 33°，如图 5-56 所示。

图 5-56

❸ 使用【选择工具】移动第 1 幅图像，使其位于跨页中间，如图 5-57 所示。

当然，也可以直接在【变换】选项组中输入【X】【Y】坐标来移动图像。

❹ 选择第 2 幅图像（大黄茎块），移动图像，使图像控制框的右下角与跨页边框的右下角重合。

❺ 移动鼠标指针至图像控制框的左上控制点处，拖动，使控制框的左框线与分栏线重合，释放鼠标，如图 5-58 所示。

到这里，两幅图像的位置就确定好了。第 1 幅图像在跨页中间，跨两个页面，第 2 幅图像在第 3 页的右分栏中。

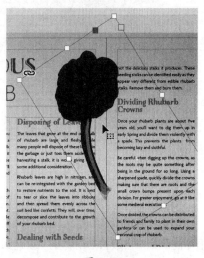

图 5-57

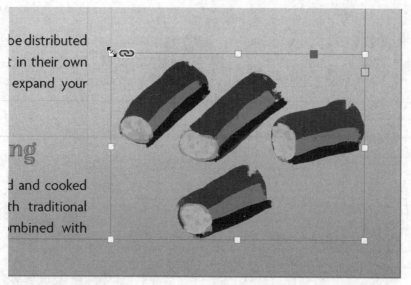

图 5-58

5.5.3 设置图像框架适应

您很可能已经注意到了，当您调整置入图像的宽度或高度时，其实只是改变了图像框架的大小，而图像本身依然保持着原始尺寸。这是因为 InDesign 会把图像放置在一个框架（即图像框）中，类似于把文本放置在文本框中。

下面为置入的图像指定合适的框架适应方式，以便图像按照我们希望的方式填充框架。

❶ 选择第 1 个图像框，在【属性】面板的【框架适应】选项组中，单击【按比例填充框架】按钮，如图 5-59 所示。

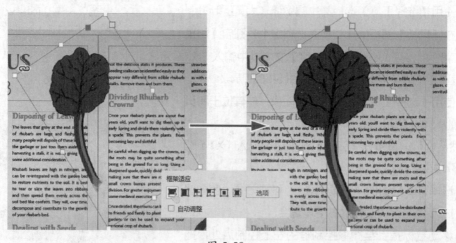

图 5-59

此时，InDesign 会等比例放大图像，使其填满整个框架。

❷ 勾选【自动调整】复选框，如图 5-60 所示。

勾选【自动调整】复选框后，每次调整图像框大小，图像框中的图像都会跟着自动调整，以确保能够填满整个框架。

图 5-60

5.5.4　添加标注图形

在 InDesign 中，您可以使用图形绘制工具轻松绘制一些图形，充当文本容器（即文本框），展示某些文本。

下面添加一个圆形标注，提醒读者不要吃大黄的叶子。

❶ 在【工具】面板中选择【椭圆工具】（ ● ），如图 5-61 所示。

【椭圆工具】和【矩形工具】在同一个工具组中。

❷ 在第 3 页上，按住 Shift 键，从跨页边框右上角向左下方拖动鼠标，当拖动至所在栏的左分栏线时，如图 5-62 所示，释放鼠标和 Shift 键。

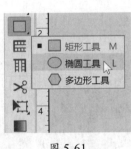

图 5-61

图 5-62

此时，第 3 页的右分栏中出现一个圆形，填满整个分栏。

❸ 选择圆形，在【属性】面板的【外观】选项组中，设置【填色】为红色（C=15、M=100、Y=100、K=0），把描边粗细设置为 0 点，取消描边，如图 5-63 所示。

❹ 在【工具】面板中选择【文字工具】（ T. ），把鼠标指针移动到圆形上，如图 5-64 所示。

图 5-63

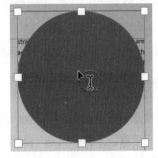

图 5-64

此时，单击圆形，即可将圆形转换成文本框。

❺ 单击圆形，将其转换成文本框，在其中输入" Don't Eat the Leaves! "。根据需要进行换行，使文本占多行。

❻ 选中刚刚输入的文本，在【属性】面板中，为文本应用【Heading】样式；设置【填色】为白色、字体大小为 35 点；在【段落】选项组中，选择对齐方式为【居中对齐】，设置【段前间距】为 0.3125英寸、【段后间距】为 0 英寸，如图 5-65 所示。

此时，【段落样式】下方显示的是【Heading+】，表示【Heading】样式的某些属性已经发生了变化。

❼ 使用【选择工具】选择圆形，在【属性】面板的【变换】选项组中，设置【旋转角度】为 -15°，效果如图 5-66 所示。

图 5-65

图 5-66

到这里，一个醒目的圆形标注就添加好了，一定会引起读者的注意！

5.5.5　添加水平分隔线

下面在文章标题与正文之间添加一条水平分隔线，它是要为页面添加的最后一个元素。

首先使用【直线工具】绘制一条水平线，然后为其应用与文章标题类似的样式。

❶ 在【工具】面板中选择【直线工具】（ ╱ ），在第 2 页中的标题文本框与正文文本框之间，从左边框线向右拖动鼠标，当提示框中显示的宽度为 5.25 英寸时，如图 5-67 所示，停止拖动，并释放鼠标。

图 5-67

此时，InDesign 在两个文本框之间创建了一条细线。

❷ 在【属性】面板的【外观】选项组中，设置【填色】为【无】、描边颜色为红色（与文章标题颜色一致）、描边粗细为 10 点、描边样式为【粗 - 细】，如图 5-68 所示。

这样，标题文本框和正文文本框之间就有了一条红色的水平分隔线，其外观与文章标题相似。

❸ 根据需要，使用鼠标或者方向键调整水平分隔线的位置，如图 5-69 所示。

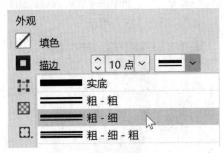

图 5-68

图 5-69

红色水平分隔线应该位于文章标题和正文之间，最好更靠近文章标题。

5.5.6　设置文本绕排方式

前面在页面中添加了图形、图像，导致部分文字被遮挡，无法正常显示。下面我们设法让所有被遮挡的文字完整地显示出来。

解决遮挡问题的一个有效办法是给相关图形、图像设置恰当的文本绕排方式。

❶ 使用【选择工具】选择第 1 幅图像（大黄茎叶）。

❷ 此时，在【属性】面板的【文本绕排】选项组中，您会看到几个文本绕排选项，但其中可使用的不多。在菜单栏中选择【窗口】>【文本绕排】，打开【文本绕排】面板，其中包含所有文本绕排选项，如图 5-70 所示。

默认设置下，【无文本绕排】按钮处于选中状态。

❸ 单击【沿对象形状绕排】按钮（），设置上、下、左、右位移均为 0.5 英寸；在【轮廓选项】选项组中，从【类型】下拉列表中选择【选择主体】，如图 5-71 所示。

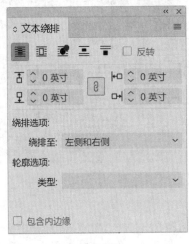

图 5-70

图 5-71

选择【选择主体】后，InDesign 会使用 Adobe Sensei 自动识别主体轮廓，并根据主体形状创建一条路径来绕排元素。

❹ 在某些情况下，Adobe Sensei 可能会犯一些错误。本示例中，沿着叶茎生成的路径上存在间隙，导致某些文字仍被图像遮挡着，如图 5-72（左）所示。在【工具】面板中选择【直接选择工具】（▶），拖动路径锚点，调整覆盖范围，最终解决上述问题，如图 5-72（右）所示。

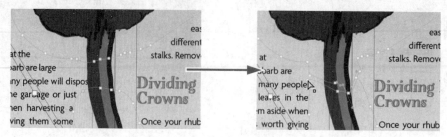

图 5-72

Adobe Sensei 自动生成的路径距离主体太远或太近都不可取，遇到这种情况时，请使用【直接选择工具】做相应调整，确保画面平衡。

💡 注意　Adobe Sensei 是 Adobe 公司推出的一个人工智能服务平台，以不同形式应用于 Adobe 公司旗下的各款软件产品中，提供智能化工具和功能，旨在帮助用户高效地完成创意工作，提高工作效率和创作水平。

❺ 切换至【选择工具】，单击圆形标注，将其选中。在【文本绕排】面板中，单击【沿定界框绕排】按钮，如图 5-73 所示。

至此，整个杂志跨页的设计工作就全部完成了，如图 5-74 所示。接下来，输出作品，把杂志分享出去。

图 5-73

图 5-74

5.6　发布文档

InDesign 文档制作完毕后，您可以用多种方式将其分享出去，无论是用于出版、审阅还是线上展示，都能轻松搞定。

下面介绍常用的 PDF 发布方式。

保存为 PDF 文件

如果您打算将杂志印刷出来，那么建议您先把 InDesign 文档保存成 PDF 文件，然后发送给印刷商印刷。

❶ 在菜单栏中选择【文件】>【导出】，打开【导出】对话框，在【保存类型】下拉列表中选择【Adobe PDF (打印)(*.pdf)】，单击【保存】按钮。

❷ 在弹出的【导出 Adobe PDF】对话框中，一般保持默认设置即可，除非印刷商明确要求您更改某些设置。单击【导出】按钮，如图 5-75 所示。

图 5-75

把文档保存成 PDF 文件后，您可以将 PDF 文件发送给印刷商印刷，或者以其他电子方式分享出去。

5.7　复习题

❶ 主页（父页面）的作用是什么？

❷ 什么是溢流文本？

❸ 段落样式与字符样式有何不同？

❹ 排版中层次结构有什么作用？

5.8　复习题答案

❶ 主页（父页面）中的所有元素都会出现在其派生出的子页面中。

❷ 溢流文本指那些超出文本框的文本。

❸ 字符样式针对的是段落中的特定文本，而非整个段落。段落样式针对的是整个段落文本，会统一应用于整个段落的所有文本，不能单独应用于段落中的部分字符。

❹ 排版过程中，灵活运用元素的大小变化、对比差异以及空间布局规划，建立起明确的层次结构关系，能够展现不同元素（如大标题、小标题等）的重要程度。

第6课

使用 Adobe XD 设计原型

课程概览

本课主要讲解以下内容。

- 创建和管理 Adobe XD 文档。
- 管理文档中的多个画板。
- 设计 App 界面。
- 创建交互式组件。

- 平衡设计原则。
- 添加点击触发器。
- 制作启动动画。
- 发布并分享制作的原型。

学习本课大约需要 **2** 小时

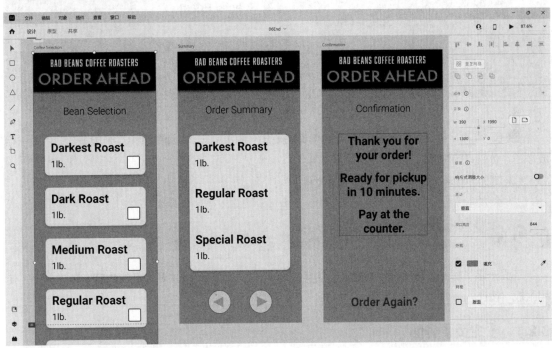

　　Adobe XD 是 Adobe 公司推出的一款 UX/UI（用户体验 / 用户界面）与原型设计工具，旨在为设计师提供一站式服务，涵盖从构思到原型制作，再到设计分享和协作的整个设计流程。Adobe XD 特别适合用来为基于屏幕的应用程序（如 App、网站、游戏等）创建原型和交互界面。

6.1　课前准备

首先浏览一下成品，了解本课要做什么。

❶ 进入 Lessons\Lesson06\06End 文件夹，打开 06End.xd 文件，如图 6-1 所示。

本课示例项目是为一家咖啡店（Bad Beans Coffee Roasters）的 App 设计订购界面，如图 6-1 所示。手机用户可以通过这款 App 挑选咖啡豆，在线下单，然后前往实体店取货。

图 6-1

❷ 在 XD 用户界面右上方单击【桌面预览】按钮（ ▶ ），在您的计算机中打开预览窗口，单击相应按钮，体验订购界面。

❸ 预览结束后，关闭预览窗口和 XD 文件。

6.2　了解 Adobe XD

下面一起了解一下在【设计】模式下使用 XD 的一些基本知识，主要涉及的内容有新建文档、使用画板、设计 App 顶部栏等。

6.2.1　【主页】界面

启动 Adobe XD，首先显示出来的是【主页】界面，如图 6-2 所示。在【主页】界面，您可以执行以下操作：新建文档、访问最近使用的文档、获取 XD 云文档（您自己的或者其他人分享给您的）、管理您过去创建的链接等。

值得注意的是，Adobe XD 还提供了几个预设，您可以从中选择一个预设快速创建具有特定画板尺寸的文档。这些预设都是针对某些设备或社交平台专门设计的。新建文档时，您可以根据需要直接选择某个预设，或者单击【主页】界面左上角的【新文件】按钮。

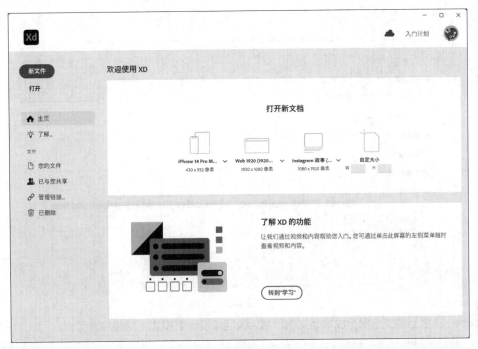

图 6-2

> 💡 **注意** 选择某个预设新建文档时，画板的初始尺寸为预设的尺寸。您可以在同一个 XD 文档中创建多个不同尺寸的画板。

6.2.2 新建文档

不管什么项目，第一步都是新建文档，然后保存文档。

❶ 在【主页】界面左上角单击【新文件】按钮，如图 6-3 所示。

此时，Adobe XD 新建一个包含一个画板的文档，并进入【设计】模式。

❷ 在菜单栏中选择【文件】>【存储为本地文档】，弹出询问对话框，单击【继续】按钮，如图 6-4 所示。

图 6-3

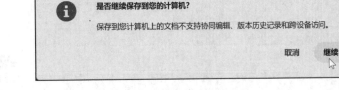

图 6-4

此时，弹出【另存为】对话框。

❸ 在【另存为】对话框中，转到 Lessons\Lesson06\06Start 文件夹下，设置文件名为 CoffeeOrders.xd，如图 6-5 所示，单击【保存】按钮。

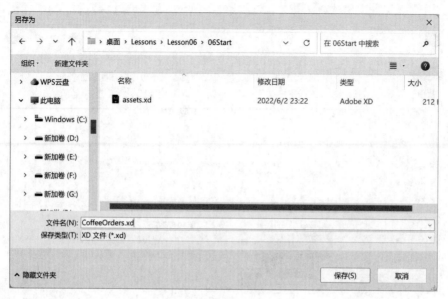

图 6-5

Adobe XD 把当前文档保存成本地文档，然后返回【设计】模式下的用户界面。

保存到 Creative Cloud

　　默认设置下，保存新文档时，Adobe XD 会将其保存到云端。在 Adobe XD 中，您可以随时把本地 XD 文档转换成云文档，具体操作为在菜单栏中选择【文件】>【另存为】，打开【保存到 Creative Cloud】对话框，单击【保存】按钮，如图 6-6 所示。

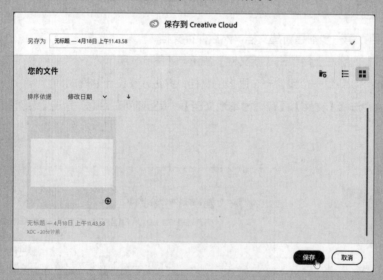

图 6-6

保存成云文档有以下好处。

・　文档版本控制：当您修改文档时，Adobe XD 将自动按照日期和时间对这些更改做版本控制。版本有效期为 30 天，但打了标记的版本永远不会过期。您可以通过单击用户界面顶部中间的文档名称来管理不同版本。

- 协作编辑和共享：云文档的所有者可以通过 Adobe ID 邀请其他人共同编辑文档，云文档还可以在 Creative Cloud 库中进行共享。

- 文档自动保存：当您修改设计和布局时，Adobe XD 会自动保存您对文档的更改。

- 链接资源：将云文档中的设计资源共享后可以用在其他文档中，若修改原始资源，您所做的修改会自动同步至使用该资源的所有文档。创建和共享设计资源和品牌资产时非常适合使用这种方法。

- 跨设备访问：不管在哪台计算机上，只要使用 Adobe 账户登录 Creative Cloud，即可访问您的 XD 项目。此外，还可以使用 XD 移动应用程序在真实设备上打开和测试您的设计。

请注意，云文档与其所有者的 Adobe 账户是紧密绑定的。为了确保大家能正常使用所有文档，我们没有选择把文档保存到云端，而是选择保存到本地计算机中。

6.2.3　XD 用户界面

下面介绍一下 XD 的用户界面，同时介绍几个重要功能。

XD 拥有 3 种模式，分别是【设计】【原型】【共享】。使用 XD 时，您可以在 3 种模式之间轻松切换。3 种模式显示在用户界面的左上方，如图 6-7 所示。

图 6-7

在原型设计中，不同模式下的用户界面有不同用途。

- **设计：**【设计】模式最常用，也最复杂。进入【设计】模式，您可以很轻松地使用与修改画板、资源、颜色、布局等。所有设计和布局工作都在该模式下进行。

- **原型：**当您设计好一组画板并添加相应资源后，就可以切换到【原型】模式，在各画板、组件间建立链接，并应用高级过渡、动画效果等，打造优雅的交互体验。所有交互工作都在【原型】模式下进行。

- **共享：**【共享】模式是最简单的模式。在该模式下，您可以创建分享链接，把项目轻松分享至互联网，供他人审阅、欣赏、测试，还可以使用这种方式把设计提交给开发人员。

本课主要用到【设计】模式，因此接下来重点介绍【设计】模式下的用户界面，如图 6-8 所示。

在【设计】模式下，XD 的用户界面主要由以下几部分组成。

- **【工具】面板：**【工具】面板提供了少量工具，用于选择、绘制资源，以及管理画板。相比之下，Adobe Illustrator 与 Adobe Photoshop 提供的工具更多，您可以使用它们创建所需资源，然后导入 Adobe XD 中使用。

- **库：**在用户界面左下方单击【库】按钮（ ▯ ）后，左侧栏会显示文档资源（如颜色、字符样式和组件等）以及 Creative Cloud 库。

- **图层：**在用户界面左下方单击【图层】按钮（ ◈ ）后，您可以在左侧栏中浏览与管理画板、对象组、组件等资源。

- **插件：**在用户界面左下方单击【插件】按钮（ ▲ ）后，左侧栏会显示所有已经安装的插件。单击【发现插件】按钮，可以直接打开 Creative Cloud Desktop 应用程序，在其中您可以查找和安装更多插件。

【工具】面板 【属性检查器】

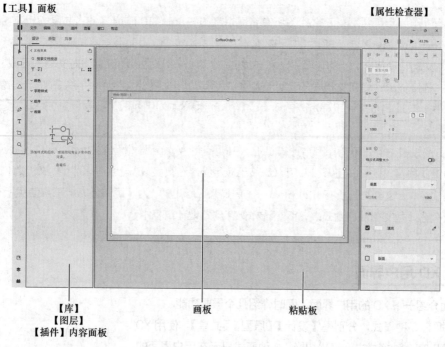

【库】 画板 粘贴板
【图层】
【插件】内容面板

图 6-8

· **画板：** XD 支持您在同一个文档中添加多个画板，并允许在它们之间建立原型交互，从而提升用户体验。

· **粘贴板：** 粘贴板指深灰色的区域，所有画板都在粘贴板中。您可以把设计资源放在画板中，也可以放在粘贴板中。粘贴板中的资源不会出现在共享内容中。

· **属性检查器：**【属性检查器】位于 XD 用户界面的右侧。当前选择的对象不同，【属性检查器】中显示的属性也不同。在【原型】模式下，【属性检查器】中显示的是交互属性；在【共享】模式下，显示的是【链接设置】。

至此，我们已经对 XD 用户界面有了基本的认识。接下来该动手做设计了。

6.2.4 使用画板

在 XD 中新建一个文档，默认设置下，该文档中仅包含一个画板。由于前面新建文档时没有选择从预设新建，所以 XD 默认创建的画板是针对网页设计的，其尺寸为 1920 像素 ×1080 像素。对创建 App 界面来说，这个尺寸显然太大了。

下面根据 App 的规格重新创建一个画板，并删除当前 Web 1920–1 画板。

❶ 在【工具】面板中选择【画板】工具（ ），在【属性检查器】中，找到【移动设备】预设，如图 6-9 所示。

相较于【主页】界面中列出的预设，这里的预设更多。

❷ 选择【iPhone 14、13、12】预设。此时，XD 在当前画板右侧新建一个尺寸为 390 像素 ×844 像素的画板，如图 6-10 所示。

当前，新画板处于选中状态。

图 6-9

图 6-10

❸ 在【工具】面板中选择【选择工具】（ ▶ ），单击 Web 1920–1 画板，将其选中，按 Delete 键，将其删除。

当前文档中只剩 iPhone14、13、12–1 画板。

> 💡 提示　当画板中不包含任何资源时，单击画板即可将其选中；当画板中包含多个资源时，单击画板名称，可将其选中。

❹ 在画板左上方，双击画板名称进入可编辑状态。输入 "Coffee Selection"，按 Return（macOS）或 Enter（Windows）键使修改生效，如图 6-11 所示。

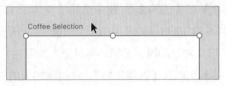

图 6-11

到这里，用于设计 App 订购界面的新画板就创建好了。

❺ 在画板处于选中状态时，在【属性检查器】的【外观】选项组中，单击【填充】左侧的颜色框，在弹出的颜色面板中，设置颜色为 #ED9E43，如图 6-12 所示。在颜色面板外单击，隐藏颜色面板。

此时，画板的背景颜色变成刚设置的颜色。

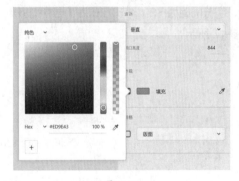

图 6-12

6.2.5　设计 App 顶部栏

许多 App 界面都包含顶部栏，主要作用是提升用户体验、推广品牌形象。

下面一起设计 App 顶部栏。

❶ 在【工具】面板中选择【矩形工具】（□），从画板左上角向右下方拖动鼠标，当尺寸显示为 390×120 时，停止拖动并释放鼠标，创建一个矩形，如图 6-13 所示。

您可以根据需要在【属性检查器】的【变换】选项组中更改矩形的尺寸。

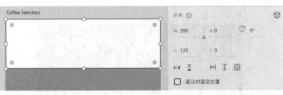

图 6-13

❷ 在【属性检查器】的【外观】选项组中取消勾选【边界】复选框，移除矩形外框。单击【填充】左侧的颜色框，在打开的颜色面板中，设置【Hex】为 #000000、不透明度为 75%，如图 6-14 所示。

❸ 在【效果】选项组中，勾选【投影】复选框。单击【投影】左侧的颜色框，在打开的颜色面板中设置不透明度为 50%，如图 6-15 所示。

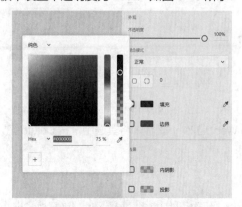

图 6-14

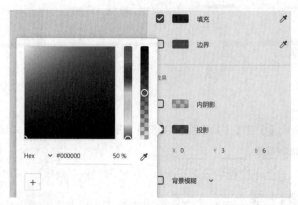

图 6-15

至此，顶部栏背景就设计好了。下面在顶部栏中添加文本。

❹ 在【工具】面板中选择【文本工具】（T），单击画板，创建一个文本对象，输入"BAD BEANS COFFEE ROASTERS"，如图 6-16 所示。

该文本是咖啡店名称，将其拖入顶部栏。

❺ 切换为【选择工具】，此时刚输入的文本处于选中状态。修改文本样式，使其与徽标中的文本样式保持一致。在【属性检查器】的【文本】选项组中，设置字体为【Abolition-Soft】、字体大小为 30、字符间距为 72、对齐方式为【居中对齐】；在【外观】选项组中，设置填充颜色为 #FFEDD8，如图 6-17 所示。

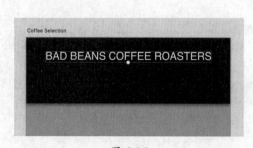

图 6-16

图 6-17

⑥ 选择【文本工具】（T），新建一个文本对象，输入"ORDER AHEAD"，如图 6-18 所示。

当前，新文本的样式与之前输入的文本的样式完全一样。

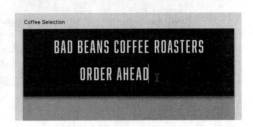

图 6-18

⑦ 在新文本对象处于选中状态时，在【属性检查器】的【外观】选项组中，单击【填充】右侧的吸管图标（✐），吸取画板的背景颜色，将其设置为文本的填充颜色。

⑧ 切换为【选择工具】，此时刚输入的文本处于选中状态。在【属性检查器】的【文本】选项组中，设置字体为【Semplicita Pro】、字体大小为 47、字体粗细为【Bold】、字符间距为 13，如图 6-19 所示。

⑨ 在【效果】选项组中，勾选【内阴影】复选框，分别设置【X】【Y】【Z】为 1、1、2，单击【内阴影】左侧的颜色框，在颜色面板中，设置不透明度为 35%，如图 6-20 所示。

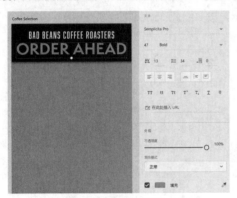

图 6-19

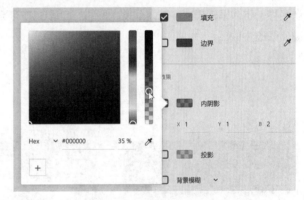

图 6-20

⑩ 使用【选择工具】（▶）和智能参考线调整两个文本对象的位置，让它们水平居中，如图 6-21 所示。再沿垂直方向调整两个文本对象的位置，确保它们处在顶部栏（黑色矩形）中合适的位置。

至此，整个顶部栏就设计好了。

图 6-21

6.2.6 创建组件

App 的多个界面都会用到顶部栏，为方便重用，下面将顶部栏转换成一个组件。

① 使用【选择工具】选中组成顶部栏的所有对象：一个黑色矩形、两个文本元素，如图 6-22 所示。

此时，选定元素的四周出现变形控制框。

② 在 3 个元素处于选中状态时，在【属性检查器】的【组件】选项组中，单击【制作组件】按钮（＋），如图 6-23 所示。

图 6-22　　　　　　　　　　　　　　　　　图 6-23

此时，XD 会把选中的元素转换成组件。

③ 将组件从画板拖动至粘贴板，释放鼠标，如图 6-24 所示。

💡 提示　为了方便重用，建议把组件单独放在一个地方（如专用画板或者文档的粘贴板）。

④ 在用户界面左下方单击【库】按钮（▢），文档中用到的所有资源都会在左侧栏中显示出来。在左侧栏的【组件】选项组中，您可以看到刚刚创建的组件，其默认名称为"组件 1"。双击组件的默认名称，进入编辑模式，输入"Header"，如图 6-25 所示，按 Return（macOS）或 Enter（Windows）键使修改生效。

图 6-24　　　　　　　　　　　　　　　　　图 6-25

💡 提示　与给图层命名一样，给组件命名时，建议取一个有意义的名字，方便识别与组织。

⑤ 在左侧栏中，选择 Header 组件，将其拖入 Coffee Selection 画板，靠顶端对齐，释放鼠标，如图 6-26 所示。

图 6-26

此时，位于 Coffee Selection 画板顶端的顶部栏其实是 Header 组件的一个实例。

了解组件

在 XD 文档中，组件有多种用途。主组件（又叫母组件）充当通用模板，可用来创建多个实例。一个组件可以拥有多种状态。

修改主组件后，由其生成的所有实例都会随之发生变化。您可以单独修改某个实例的属性，这不会影响到主组件，其他同级组件（即兄弟组件）也不会受到影响。

选择某个组件后，组件的左上角会出现一个图标，用来指示当前组件所属的类型。

- 主组件左上角是一个带绿色填充的菱形（）。修改主组件时，其所有实例都会跟着发生变化。
- 组件实例左上角是一个带白色填充的菱形（）。组件实例是主组件的副本。修改主组件的属性，每个实例都会进行同样的改动。
- 一个主组件可以创建多个实例，这些实例的属性值可以不一样，您可以根据需要单独修改某个实例的属性。当您修改某个实例的属性后，该实例左上角会显示一个带白色填充且内含小绿点的菱形（）。修改实例的属性不会影响到主组件的相同属性。

主组件对实例拥有强大的控制能力，建议您在画板中只使用主组件的实例，当需要调整时，直接修改主组件即可。一旦修改了主组件，项目各处的组件实例便会同步更新，这极大地提高了修改效率。

6.3 设计各个界面

当前，我们的文档中只有一个画板。前面已经给画板添加了背景颜色，并制作了 Header 组件，方便在不同画板中创建多个实例。下面添加画板，设计 App 的各个界面。

6.3.1 添加画板

App 包含多个界面，为了制作这些界面，需要继续添加画板。下面通过复制当前画板的方式快速添加多个画板。

❶ 在【工具】面板中选择【选择工具】（），单击 Coffee Selection 画板名称，将画板选中，如图 6-27 所示。

❷ 在菜单栏中选择【编辑】>【拷贝】，或者按 Command+C（macOS）或 Ctrl+C（Windows）组合键，复制画板。

❸ 在菜单栏中选择【编辑】>【粘贴】，或者按 Command+V（macOS）或 Ctrl+V（Windows）组合键，在当前画板旁边添加一个画板。

❹ 使用相同的方法再添加 3 个画板，将这 4 个画板分别命名为 Summary、Confirmation、Splash Begin、Splash End。

拖动画板名称，重新排列粘贴板上的各个画板，如图 6-28 所示。

图 6-27

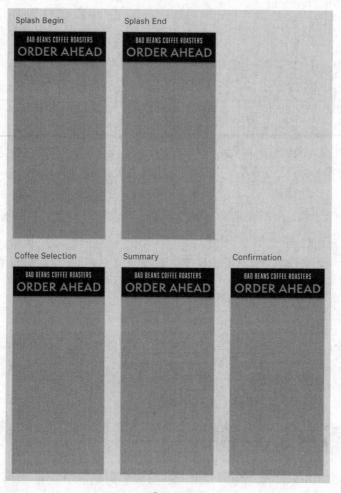

图 6-28

当前，所有画板除名称外是一模一样的。每个画板中都有一个 Header 组件的实例、拥有相同的背景颜色。

❺ 按住 Shift 键，分别单击 Splash Begin 与 Splash End 画板中的 Header 组件实例，将它们同时选中。按 Delete 键，删除它们，如图 6-29 所示，因为启动界面中不包含顶部栏。

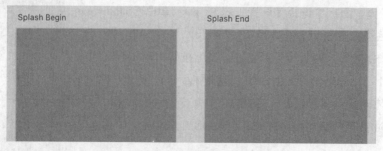

图 6-29

删除后，Splash Begin 和 Splash End 画板是空的，不包含任何内容。

每个画板对应 App 的一个界面，它们有不同的用途。

- **Splash Begin**：App 启动界面的起始页。

- **Splash End**：App 启动界面的结束页。

- **Coffee Selection**：这是我们创建的第一个画板。它是 App 的主界面，用户在该界面中可以选择要购买的咖啡豆种类。

- **Summary**：该界面在 Coffee Selection 界面之后，汇总显示用户在 Coffee Selection 界面中做的选择。

- **Confirmation**：该界面是确认界面，感谢用户订购，并告知用户店家已经接受订单，10 分钟后，可以去店里取走商品。

6.3.2　导入更多资源

前面我们自己动手创建了一些形状、文本和组件等资源。为了节省时间，我们事先准备好了设计 App 所需的其他资源。

您只需要按照以下步骤把资源从课程文件夹中导入自己的项目即可。

❶ 在菜单栏中选择【文件】>【打开】，弹出【从 Creative Cloud 中打开】对话框，在对话框的左下角单击【在您的计算机上】按钮，如图 6-30 所示。

图 6-30

此时，弹出【打开】对话框。

❷ 在【打开】对话框中，打开 Lessons\Lesson06\06Start 文件夹，选择 assets.xd 文档，单击【打开】按钮。

这是一个简单的 XD 文档，其中只包含一个 Design Assets 画板，如图 6-31 所示。Design Assets 画板中包含设计 App 所需的各种资源。

❸ 使用【选择工具】选中 Design Assets 画板中的所有资源，如图 6-32 所示。在菜单栏中选择【编辑】>【拷贝】，或者按 Command+C（macOS）或 Ctrl+C（Windows）组合键，复制所选资源。之后，您可以关闭 assets.xd 文档，或者置之不理。

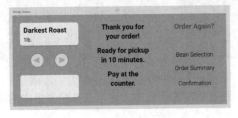

图 6-31　　　　　　　　　　　　　　　　图 6-32

❹ 返回 CoffeeOrders.xd 文档，在菜单栏中选择【编辑】>【粘贴】，或者按 Command+V（macOS）或 Ctrl+V（Windows）组合键，把资源粘贴至粘贴板中，如图 6-33 所示。

图 6-33

粘贴的资源中，既有形状、文本等简单资源，也有组件等复杂资源。其中，形状、文本等简单资源直接显示在粘贴板中。粘贴组件后，主组件会出现在【文档资源】面板的【组件】选项组中，而粘贴板中展示的则是这些主组件的实例。

> 💡 **注意** 除了组件外，【文档资源】面板还允许添加颜色和字符样式等资源。选择某个资源，单击加号（ ➕ ），可将选定资源添加到【文档资源】面板中。在大型项目中，通常会把频繁使用的颜色或字符样式添加到【文档资源】面板中。这样，每次应用时，只需在【文档资源】面板中选择相应的资源即可。一旦修改了【文档资源】面板中的原始资源，所有引用该资源的对象就会自动更新，大大提高了修改效率。

6.3.3 把资源添加到画板中

前面我们已经准备好了画板，并把所需资源添加到了项目中。下面把各个资源添加到相应画板中，用于设计 App 的各个界面。

当前粘贴板中有 3 个样式相同的文本对象，分别对应 3 个画板，用作界面标题，提示用户当前处在哪个界面，要做什么操作。

❶ 使用【选择工具】把各个标题文本拖入对应的画板，借助智能参考线，确保它们在每个画板中水平居中，并且每个标题文本的【Y】均为 160，如图 6-34 所示。

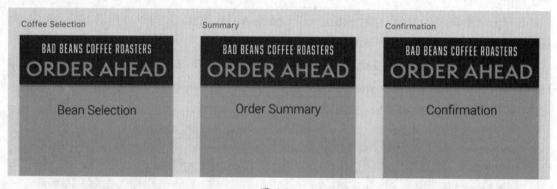

图 6-34

此时，3 个标题文本不再位于粘贴板，而是移动到了相应的画板中，它们在 3 个画板中的位置是一致且和谐的。

❷ 把 "Thank you for..." 文本从粘贴板拖入 Confirmation 画板。在 Confirmation 画板中，移动 "Thank you for..." 文本，使其水平居中，且【Y】为 260。

❸ 在粘贴板中找到 "Order Again?" 文本，将其拖入 Confirmation 画板，移动文本至画板底部，使其水平居中，且【Y】为 760，如图 6-35 所示。

到这里，Confirmation 画板就设计好了。

❹ 在粘贴板中找到圆角矩形，将其拖入 Summary 画板。移动圆角矩形，使其水平居中，且【Y】为 260。

❺ 在【属性检查器】的【变换】选项组中，将【H】设置为 420，增加圆角矩形的高度，如图 6-36 所示。

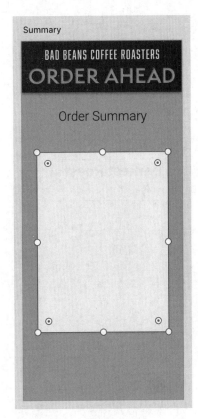

图 6-35   图 6-36

画板底部要留出一些空间，以便放置导航按钮。

❻ 在粘贴板中找到 Product 组件，双击它，进入编辑状态，如图 6-37 所示。仅选择文本对象，按 Command+C（macOS）或 Ctrl+C（Windows）组合键，复制文本对象。

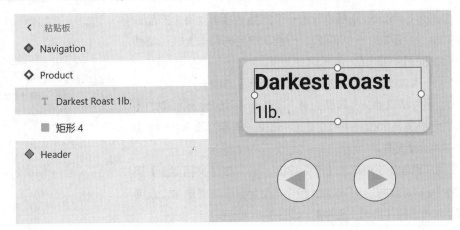

图 6-37

❼ 选择 Summary 画板，按 Command+V（macOS）或 Ctrl+V（Windows）组合键，粘贴文本对象。移动文本对象，使其水平居中，且【Y】为 274，如图 6-38 所示。

❽ 在粘贴板中，再次找到 Product 组件，把整个组件拖入 Coffee Selection 画板。移动 Product 组件实例，使其水平居中，且【Y】为 260，如图 6-39 所示。

图 6-38 图 6-39

这样一来，每个界面都整齐地放置了一组对象，它们之间保持着相同的间距，视觉效果和谐。

6.3.4 设计复选框

当前 Coffee Selection 画板中只有一个产品选项卡（每个产品选项卡都是 Product 组件的一个实例）。而且，产品选项卡上缺少复选框，用户无法选择相应产品。

下面设计一个复选框组件，并将其添加到产品选项卡。

Product 组件从其他文档复制而来，Coffee Selection 画板中的各个产品选项卡都是 Product 组件的实例。这里，需要修改 Product 组件，在其中添加复选框。

❶ 在用户界面左下角单击【库】按钮（▣），在【文档资源】面板的【组件】选项组中找到 Product 组件，使用鼠标右键单击，从弹出的快捷菜单中选择【编辑主组件】，如图 6-40 所示。

此时，粘贴板中出现一个主组件。

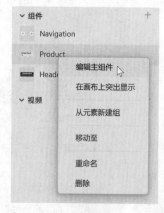

图 6-40

> 💡 注意 只要您的文档中不存在主组件，就可以使用这种方式生成一个。

❷ 在粘贴板中，双击主组件，进入编辑状态，如图 6-41 所示。

图 6-41

在用户界面左下方单击【图层】按钮（◈），可显示 Product 组件的各个组成部分。

❸ 在【图层】面板中，分别移动鼠标指针至文本与矩形两个图层上，单击锁头图标（🔒），锁定文本与矩形两个图层，如图 6-42 所示。

锁定图层后，在组件中添加新内容时，原有内容会固定，不会被意外移动。

❹ 在【工具】面板中选择【矩形工具】（▢），按住 Shift 键，从组件右下角向左上方拖动鼠标，当尺寸显示为 40×40 时，停止拖动并释放鼠标和 Shift 键，创建一个正方形，如图 6-43 所示。

6-42

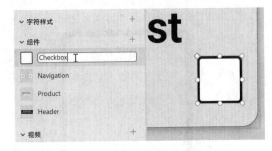

图 6-43

根据需要在【属性检查器】的【变换】选项组中修改正方形的尺寸。

❺ 在【属性检查器】的【外观】选项组中，设置【圆角半径】为 4、填充颜色为 #FFFFFF、边界颜色为 #3E1800、边界大小为 2，如图 6-44 所示。

❻ 在左侧【图层】面板中，再次单击文本与矩形图层右侧的锁头图标（🔒），解除锁定。

解除锁定后，就可以修改各个 Product 组件实例中的文本内容了。

❼ 在菜单栏中选择【对象】>【制作组件】，把圆角正方形转换成组件。在用户界面左下方单击【库】按钮（◈），在【文档资源】面板的【组件】选项组中，把新组件的名称修改为 Checkbox，如图 6-45 所示。

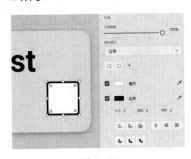

图 6-44

图 6-45

此时，XD 在 Product 组件中创建了 Checkbox 组件的一个实例，同时把 Checkbox 组件添加到【文档资源】面板的【组件】选项组中。

6.3.5 给组件添加状态

在 XD 中，组件是一个非常强大的对象，不仅支持变化传播（修改组件，其实例同步变化）和属性覆盖（允许修改单个实例的属性），还支持多种状态，与用户交互的过程中可以切换至不同状态。

下面给 Checkbox 组件添加切换状态。

❶ 在用户界面的左下方单击【库】按钮（🗔），在【文档资源】面板的【组件】选项组中找到 Checkbox 组件，使用鼠标右键单击，从弹出的快捷菜单中选择【编辑主组件】，如图 6-46 所示。

此时，XD 在粘贴板中添加 Checkbox 组件。

❷ 在【属性检查器】的【组件（主）】选项组中，单击【添加状态】图标（+），如图 6-47 所示。

图 6-46

图 6-47

此时，弹出一个菜单。

❸ 从行为看，复选框就是一个切换开关。从弹出的菜单中选择【切换状态】，如图 6-48 所示，新建一个切换状态。

图 6-48

新状态的默认名称是"切换状态",这里保持默认名称即可。

❹ 在【切换状态】处于选中状态时,在粘贴板中双击 Checkbox 组件,进入该状态,如图 6-49 所示。

图 6-49

这里只编辑【切换状态】,不会影响【默认状态】。

❺ 在【切换状态】下,使用【钢笔工具】(✐) 在复选框内部绘制一个对钩,如图 6-50 所示。绘制对钩时,只需创建 3 个锚点。

❻ 绘制完毕,按 Esc 键,退出路径绘制。

图 6-50

❼ 在对钩处于选中状态时,在【属性检查器】的【外观】选项组中,设置边界颜色为 #3E1800、边界大小为 5,单击【圆头端点】按钮 (⊂) 和【圆角连接】按钮 (⌐),如图 6-51 所示。

此时,对钩与复选框更匹配,而且美观又大方。

❽ 按 Esc 键,退出【切换状态】,返回【默认状态】。

❾ 单击 Coffee Selection 画板名称,将画板选中,在用户界面右上方单击【桌面预览】按钮 (▶)。打开预览窗口,显示 Coffee Selection 画板。

❿ 单击复选框组件,如图 6-52 所示,从【默认状态】变成【切换状态】;再次单击,从【切换状态】变回【默认状态】。

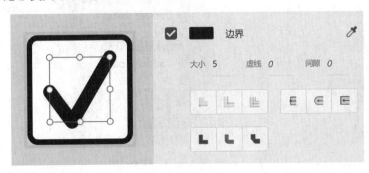

图 6-51

图 6-52

6.3.6　使用【重复网格】

当前 Coffee Selection 与 Summary 画板中显示的内容不多。Coffee Selection 画板应该显示出所有可选的咖啡豆产品，Summary 画板应该显示出用户选中的一个或多个咖啡豆产品。

这两个界面中的多个元素都是重复的，因此制作时可以使用简单的复制、粘贴命令。针对这种情况，XD 提供了一种更为便捷的方法。

❶ 在 Coffee Selection 画板中，单击 Product 组件实例，将其选中，如图 6-53 所示。

当前，Product 组件中包含复选框。

❷ 在【属性检查器】中，激活【重复网格】（ 🔲 重复网格 ），将所选对象（产品选项卡）转换成【重复网格】对象。

此时，产品选项卡右侧与底部出现重复网格控制手柄，如图 6-54 所示。

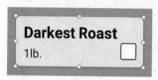

图 6-53

图 6-54

❸ 向下拖动底部的控制手柄，创建出另外 5 个产品选项卡，使 Coffee Selection 画板中的产品选项卡数目达到 6 个，如图 6-55 所示。

其中，最后两个超出了画板。

❹ 选择 Coffee Selection 画板，设置【H】为 1300。

此时，画板变高了，画板左边缘多了一个蓝色的视口指示器（ 🔳 ），指示画板之前的高度，如图 6-56 所示。

图 6-55

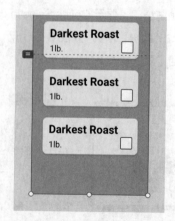

图 6-56

重复网格形成后，可以进一步调整网格中各个产品选项卡的属性。

❺ 分别双击其他 5 个产品选项卡，进入文本编辑状态，修改产品名称，如图 6-57 所示。最终 6 个产品选项卡中的产品名称依次为 Darkest Roast、Dark Roast、Medium Roast、Regular Roast、Light Roast、Special Roast。

修改产品名称时配合使用【图层】面板，操作起来更方便。

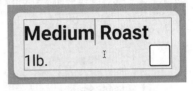

图 6-57

❻ 在粘贴板中，单击空白区域，取消选择重复网格。至此，Coffee Selection 画板就设计好了。接下来，设计 Summary 画板。

❼ 在 Summary 画板中，选择文本对象 "Darkest Roast 1lb."，在【属性检查器】中，激活【重复网格】。此时，所选文本对象右侧与底部出现控制手柄，如图 6-58 所示。

❽ 向下拖动底部的控制手柄，生成另外两个文本对象，如图 6-59 所示。

❾ 把鼠标指针移动到任意两个文本对象之间，使重复网格的边距以粉红色高亮显示。向下拖动鼠标，增大文本对象之间的距离，当左侧显示边距为 50 时，释放鼠标，如图 6-60 所示。

❿ 修改另外两个产品的名称，确保 Summary 画板中的 3 个产品名称分别为 Darkest Roast、Regular Roast、Special Roast，如图 6-61 所示。

图 6-58

图 6-59

图 6-60

图 6-61

借助【重复网格】功能，我们快速制作好了两个界面，并根据需要对界面的内容做了相应的修改，工作效率得到了显著提高。

6.3.7　添加导航按钮

我们已经设计好了几个关键界面。此外，还应该确保用户在实际使用 App 的过程中，能够轻松地在这几个界面之间切换。

为此，需要在相关界面底部添加导航按钮。

❶ 在用户界面左下方单击【库】按钮（□），进入【文档资源】面板，在【组件】选项组中找到 Navigation 组件，如图 6-62 所示。

Navigation 组件是之前从 assets.xd 文档中复制过来的，包含后退和前进两个按钮，拥有不同的外观，对应按钮不同的工作状态（启用或禁用）。

❷ 把 Navigation 组件拖到 Coffee Selection 画板底部，此时 XD 会生成一个实例（导航按钮）。借助智能参考线，调整导航按钮的位置，使其水平居中，且距离画板下边缘 30 像素，如图 6-63 所示。

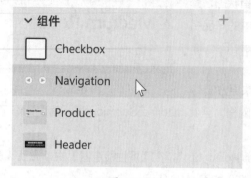

图 6-62

图 6-63

❸ 在导航按钮处于选中状态时，在【属性检查器】中，把状态从【默认状态】修改为【Next Only】，如图 6-64 所示。

图 6-64

此时，后退按钮禁用，前进按钮启用，用户只能向前翻页（即翻到下一页）。

接下来，在【图层】面板中，调整一下顶部栏的顺序，防止界面内容滚动到顶部栏上。

❹ 在【图层】面板中，把【Header】图层从底部拖动至顶部，如图 6-65 所示。

此时，顶部栏位于界面其他内容的上方，与其他内容重叠时，顶部栏会盖住其他内容。

Coffee Selection 界面高度大于视口高度（即物理屏幕高度），在实际设备中，用户可以通过滚动的方式浏览界面的全部内容。在界面滚动的过程中，顶部栏应该保持不动，始终停留在屏幕顶部。

❺ 选中【Header】图层，在【属性检查器】的【变换】选项组中，勾选【滚动时固定位置】复选框，如图 6-66 所示。

此时，顶部栏就固定在了视口顶部，界面滚动时保持不动。

❻ 把 Navigation 组件拖到 Summary 画板底部，此时 XD 生成一个实例（导航按钮）。借助智能参考线，调整导航按钮的位置，使其水平居中，且距离画板下边缘

图 6-65

30 像素，如图 6-67 所示。

图 6-66　　　　　　　　　　　　　　　图 6-67

❼ 在导航按钮处于选中状态时，在【属性检查器】中，确保当前状态是【默认状态】，如图 6-68 所示。

图 6-68

在【默认状态】下，后退和前进按钮都可用，也就是说，用户既可以向前翻页，也可以向后翻页。

设计原则：平衡

在设计或布局中，"平衡"指组成元素在视觉上达到某种程度的均衡。平衡通常是通过在设计或布局中排列一系列等视觉重量的元素来实现的，如图 6-69 所示。

本课示例项目中，我们通过摆放不同元素、组合不同组件来实现视觉上的平衡。

例如，导航按钮在【默认状态】下就展现出了很好的视觉平衡，因为前进和后退两个按钮拥有相同的视觉重量。当导航按钮从【默认状态】转换成其他状态时，

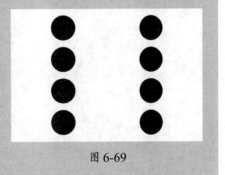

图 6-69

平衡就会被破坏：两个按钮中，一个按钮（禁用）的视觉重量减少，另一个按钮（启用）的视觉重量增加。

6.3.8　设计启动界面

App 的几个关键界面设计好了，接下来该设计启动界面了。设计启动界面时要用到咖啡店的徽标，因此需要把徽标添加到画板中。

启动界面由 Splash Begin 界面和 Splash End 界面组成，两个界面相对简单，都仅包含一个徽标。

启动 App 时，首先出现启动界面，徽标在屏幕上停留几秒后逐渐缩小，随后跳转到主订购界面。

下面导入徽标，将其添加到画板中。

❶ 选择 Splash Begin 画板。在菜单栏中选择【文件】>【导入】，在【打开】对话框中，打开 Lessons\Lesson06\06Start 文件夹，选择 Logo.png 文件，单击【导入】按钮。

此时，XD 会把选择的徽标导入文档，但徽标尺寸太大，无法放入画板中，如图 6-70 所示。

❷ 在徽标处于选中状态时，在【属性检查器】的【变换】选项组中，打开【锁定长宽比】（🔒），设置【W】为 300。使用【选择工具】（▸）移动徽标，借助智能参考线，使徽标位于画板正中间，如图 6-71 所示。

❸ 按 Command+C（masOS）或 Ctrl+C（Windows）组合键，复制徽标。选择 Splash End 画板，按 Command+V（masOS）或 Ctrl+V（Windows）组合键，粘贴徽标。在【属性检查器】中，设置【W】为 80。

❹ 使用【选择工具】（▸）移动徽标，借助智能参考线，使徽标位于画板正中间，如图 6-72 所示。

图 6-70

图 6-71

图 6-72

至此，启动界面的两个界面就都设计好了，其中 Splash Begin 界面中的徽标很大，而 Splash End 界面中的徽标很小。

6.4　原型制作与共享

前面设计各个界面时均在【设计】模式下。接下来，一起了解一下【原型】模式和【共享】模式。

6.4.1　添加点击触发器

下面在设计元素之间添加交互，以支持用户的交互动作。

图 6-73

❶ 在 XD 用户界面左上方选择【原型】，如图 6-73 所示，进入【原型】模式。

相比【设计】模式，【原型】模式下，用户界面变化不大，只是【工具】面板中的设计工具不能再用了，【属性检查器】中显示的内容也变了，主要显示的是交互属性。

❷ 在 Coffee Selection 画板底部，双击导航按钮中的前进按钮，将其选中，如图 6-74 所示。

图 6-74

此时，前进按钮以蓝色高亮显示，右侧出现一个 ▶ 图标。

❸ 将 ▶ 图标向右上方拖动至 Summary 画板，如图 6-75 所示，然后释放鼠标。

此时，有一条线把前进按钮与 Summary 画板连接在一起。

❹ 在【属性检查器】中，在【触发】下拉列表中选择【点击】，在【类型】下拉列表中选择【过渡】，在【动画】下拉列表中选择【溶解】，在【缓动】下拉列表中选择【对齐】，在【持续时间】下拉列表中选择【0.4 秒】，如图 6-76 所示。

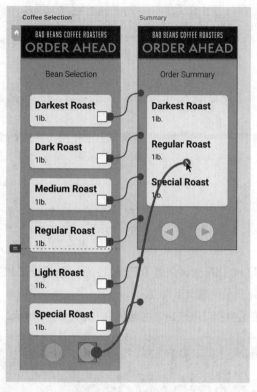

图 6-75   图 6-76

经过这些设置后，用户点击前进按钮后会快速、流畅地过渡到下一个界面。

⑤ 在 Summary 画板底部的导航按钮中，双击后退按钮，将其选中。将▶图标拖动至 Coffee Se-
lection 画板，如图 6-77 所示，释放鼠标。

这样，用户点击后退按钮后，就可以返回 Coffee Selection 界面，重新选择咖啡豆种类。

💡 注意　XD 会记住您最近一次设置的交互属性，并且自动将其应用到新创建的交互上。因此，您不需
要再对点击触发设置进行调整了。

⑥ 在 Summary 画板底部的导航按钮中，双击前进按钮，将其选中。将▶图标拖动至 Confirma-
tion 画板，如图 6-78 所示，释放鼠标。

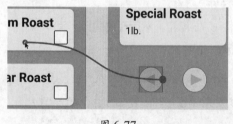

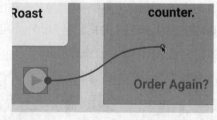

图 6-77   图 6-78

这样，用户在 Summary 界面底部点击前进按钮后，就会切换至 Confirmation 界面。

⑦ 在 Confirmation 界面底部选择 "Order Again?" 文本。将▶图标拖动至 Coffee Selection 画板，
如图 6-79 所示，释放鼠标。

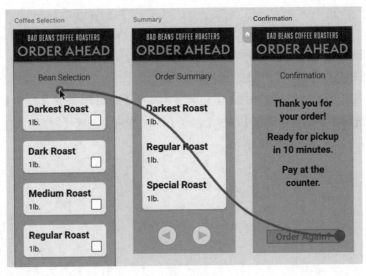

图 6-79

确认当前订单后，用户点击"Order Again?"，可返回 Coffee Selection 界面中下新的订单。

6.4.2　制作启动动画

启动界面由两个界面（Splash Begin 界面、Splash End 界面）组成，这两个界面前面已经制作好了。下面把这两个界面连接在一起，制作一个由时间触发的启动动画。

❶ 选择 Splash Begin 画板。

此时，整个画板处于高亮显示状态，同时右侧出现一个▷图标，如图 6-80 所示。

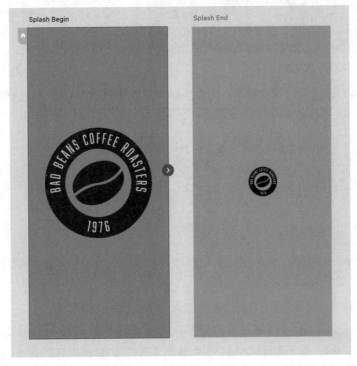

图 6-80

❷ 将 ▶ 图标拖动至 Splash End 画板，如图 6-81 所示，然后释放鼠标。

此时，两个画板之间就建立了一个交互链接。

❸ 在【属性检查器】中，在【触发】下拉列表中选择【时间】，设置【延迟】为 1 秒，在【类型】下拉列表中选择【自动制作动画】，在【缓动】下拉列表中选择【卷紧】，在【持续时间】下拉列表中选择【0.4 秒】，如图 6-82 所示。

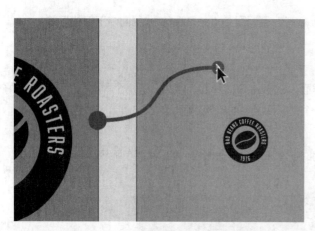

图 6-81

图 6-82

时间触发器会自动激活，不需要用户做交互动作。制作启动界面的动画效果时，选择时间触发器是最合适的。

❹ 选择 Splash End 画板，将 ▶ 图标拖动至 Coffee Selection 画板，如图 6-83 所示，然后释放鼠标。

这样，当启动界面加载完毕后，用户会直接进入 Coffee Selection 界面。

❺ 在【属性检查器】中，在【触发】下拉列表中选择【时间】，设置【延迟】为 0 秒，在【类型】下拉列表中选择【过渡】，在【动画】下拉列表中选择【无】，如图 6-84 所示。

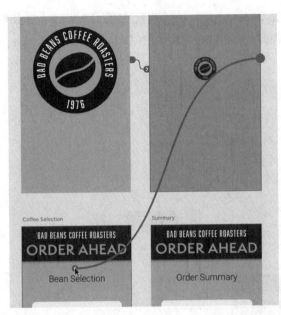

图 6-83

图 6-84

经过这些设置，一旦启动动画结束，用户就会立即进入 Coffee Selection 界面。

❻ 单击 Splash Begin 画板名称，将画板选中，在用户界面右上方单击【桌面预览】按钮（▶）。

在预览窗口中，启动动画结束后，直接进入 Coffee Selection 界面。测试各种交互方式，如滚动、选择、单击导航按钮等，确保交互一切正常。

6.4.3　创建共享链接

XD 提供了多种导出方法，您可以使用这些方法轻松导出原型，分享给相关人员，供他们审阅、编程、测试等。

下面使用默认设置创建一个共享链接，把原型分享出去。在为原型创建共享链接之前，我们必须先创建一个流程。

❶ 在【原型】模式下，每个画板左上角都有一个灰色小房子图标。单击 Splash Begin 画板名称，将画板选中，单击画板左上角的灰色小房子图标。

此时，XD 新建一个流程，小房子图标以蓝色高亮显示，如图 6-85 所示。

图 6-85

> 💡提示　在一个 XD 文档中，您可以创建多个流程。双击流程名称，然后输入您喜欢的新名称，即可轻松重命名流程。

❷ 在 XD 用户界面左上方选择【共享】，如图 6-86 所示，进入【共享】模式。

图 6-86

相比另外两个模式，【共享】模式的用户界面比较简单，因为它只有一个用途，就是创建和管理共享链接。

❸ 在用户界面右侧区域，修改链接名称为 Order Ahead，在【查看设置】下拉列表中选择【设计检查】，在【链接访问】下拉列表中选择【任何具有此链接的人】，单击【创建链接】按钮，如图 6-87 所示。

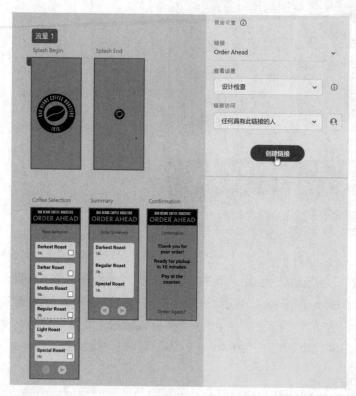

图 6-87

XD 将根据您的设置创建共享链接。

> 💡 **注意** 您必须先创建好流程，XD 才能基于流程生成共享链接。流程中不包含粘贴板中的对象，只包含画板及其内容。

❹ 共享链接创建好之后，您可以直接单击它，或者将其复制到浏览器的地址栏中进行访问。

创建好链接后，您可以进一步修改链接设置，并更新链接，如图 6-88 所示。

❺ 打开该链接后，首先呈现的是交互流程的第一个界面——启动界面，如图 6-89 所示，动画结束后直接跳转到咖啡豆选择界面。

在交互界面中，测试各个功能（如选择产品、切换界面等）是否正常。

图 6-88

图 6-89

6.5　复习题

❶ 什么情况下要把一组资源制作成组件?

❷ 如何轻松选中一个填满各种设计元素的画板?

❸ 当主组件未在画板或粘贴板中显示出来时,如何使其进入编辑状态?

❹ 为一个对象应用【自动制作动画】功能时,有什么要求?

6.6　复习题答案

❶ 以下情况建议您把一组资源制作成组件:在多个画板之间重复使用同一组资源;一组资源有不同
状态,且需要在不同状态之间切换。

❷ 单击画板名称,即可轻松选中画板。

❸ 在【文档资源】面板的【组件】选项组中找到组件,使用鼠标右键单击,在弹出的快捷菜单中选
择【编辑主组件】,此时 XD 就会在粘贴板中显示主组件,然后您就可以编辑它了。

❹ 在不同画板中,要应用【自动制作动画】功能的对象必须属于同一类型,并且名称相同。

使用 Dimension 合成 3D 场景

课程概览

本课主要讲解以下内容。

- Adobe 公司的 3D 系列软件。
- 在 Adobe Dimension 中创建项目与场景。
- 相机和灯光如何影响场景。
- 在场景中添加模型及调整模型。

- 比例设计原则。
- 向模型应用材质与图形。
- 分享与渲染 3D 场景。

学习本课大约需要 1 小时

　　Adobe Dimension 是 Adobe 公司开发的一款 3D 合成软件，用户界面简洁、易用，使设计师能够轻松合成高质量、逼真的 3D 场景。

7.1 课前准备

首先浏览一下成品，了解本课要做什么。

❶ 进入 Lessons\Lesson07\07End 文件夹，打开 07End.psd 文件，浏览示例项目的最终效果，如图 7-1 所示。

图 7-1

07End.psd 是一张高质量的场景渲染图，是在 Dimension 中添加 3D 模型，应用材质、贴图，最终渲染得到的。

渲染项目时，Dimension 既可以将项目渲染成包含多个图层的 PSD 文件（如 07End.psd），也可以渲染成单层的 PNG 文件。当然，您还可以使用 Dimension 生成增强现实内容，用来在 Adobe Aero 中创建增强现实体验项目。

❷ 关闭文件。

7.2 了解 Adobe 公司的 3D 系列软件

近几年，Adobe 公司通过 Creative Cloud 和 Substance 3D 套件极大地扩充和丰富了 3D 系列软件产品线。下面简单介绍一下这些 3D 软件的具体用途。

7.2.1 Adobe Dimension

大多数 Creative Cloud 用户都知道 Dimension 这款软件，其【主页】界面如图 7-2 所示。Adobe Dimension 是一款 3D 场景渲染和设计软件，旨在帮助用户快速制作逼真的 3D 视觉效果。

图 7-2

Adobe Dimension 属于 Creative Cloud 标准订阅计划，您只有订阅了该计划，才能正常使用它。

7.2.2 Adobe Substance 3D 套件

Adobe Substance 3D 套件是 Adobe 公司推出的一系列专业 3D 创作工具的集合，旨在帮助设计师在整个 3D 工作流程中高效执行各项处理任务，制作高质量的 3D 视觉效果。该套件一般不包含在 Creative Cloud 订阅计划中。您需要单独购买，才能使用。

> ♀ 注意　面向高等教育的 Creative Cloud 企业版订阅计划中包含 Adobe Substance 3D 套件，而标准订阅计划中不包含，但随着时间推移，Creative Cloud 订阅计划可能发生变化，最新消息请咨询 Adobe 公司。

7.2.2.1 Substance 3D Stager

类似于 Dimension，Substance 3D Stager 用于帮助用户设计和渲染 3D 场景，是一款专业的 3D 场景设计和渲染工具，如图 7-3 所示。使用 Substance 3D Stager 中的模型、材质、灯光、相机等功能，您能轻松创建出高质量的 3D 场景，渲染出逼真的图像。

Substance 3D Stager 与 Dimension 非常相似，制作本课示例项目时，不论选择哪款软件都可以顺利完成。不过，相比之下，Dimension 的目标用户偏向于传统的平面设计师，而 Substance 3D Stager 的目标用户更多的是那些专门从事 3D 设计的设计师。

这里，我们选择 Dimension 制作示例项目，本课主要讲解的也是 Dimension，因为它包含在 Creative Cloud 标准订阅计划中，使用它的用户更多。

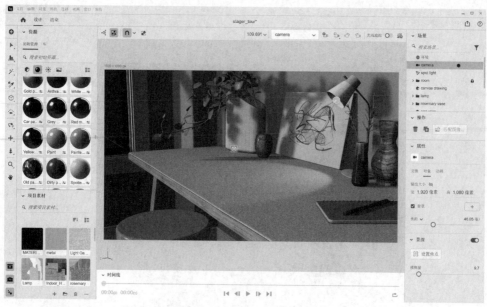

图 7-3

7.2.2.2 其他 Substance 3D 软件和服务

对于其他 Substance 3D 软件和服务，您最好了解一下它们的用途和用法。

· **Substance 3D Painter**：这是一款 3D 模型纹理制作工具，利用其强大的笔刷、智能材质、3D 路径、投影等，可以创建出精细的纹理。

· **Substance 3D Designer**：允许您使用基于节点的工作流程创建材质、图案、滤镜、环境光等，主要用于创建和编辑复杂的 3D 材质和纹理。

· **Substance 3D Sampler**：能够帮助您轻松地把实物照片转换成逼真的 3D 材质和 HDR 环境，并应用在 3D 对象上，增强场景的真实感和视觉效果。

· **Substance 3D Modeler**：这是一款创新的 3D 建模工具，以独特的交互方式和高度集成的工作流程，大大简化了 3D 建模的流程，提高了效率。

· **Substance 3D Assets**：进入站点访问 Substance 3D Assets 库，可以轻松获取模型、材质等资源，并运用到您的 3D 项目中。

> 💡 **注意** 编写本书之时，Substance 3D Modeler 正处于测试开发阶段。

7.3 使用 Dimension 设计 3D 场景

本课中，我们将使用 Dimension 设计一个逼真的 3D 场景并渲染输出。设计过程中，我们会在场景中加入一些 3D 对象，并在 3D 对象上添加咖啡品牌标识。

7.3.1 新建项目

与大多数设计软件一样，使用 Dimension 的第一步也是新建一个项目。

❶ 启动 Dimension，首先显示出来的是【主页】界面。

❷ 单击【新建】按钮，Dimension 会使用默认设置新建项目。但这里请不要直接单击【新建】按钮，而是单击【新建】按钮右侧的•••图标，如图 7-4 所示。

此时，弹出【新建文档】对话框。

❸ 在【新建文档】对话框中，修改文档画布的尺寸和分辨率。

- 在文档名称文本框中输入 "Scenic Render"。
- 设置【画布大小】为 4000 像素 ×3000 像素。
- 设置【分辨率】为 300 像素 / 英寸。

设置完毕，单击【创建】按钮，如图 7-5 所示。

增加画布尺寸和分辨率能够大大拓宽输出作品的应用范围，例如，经过以上设置后，输出的作品就可以轻松应用到视频中。

❹ 在菜单栏中选择【文件】>【存储】，保存当前项目。

此时，弹出一个对话框。

❺ 转到 Lessons\Lesson07\07Start 文件夹下，单击【保存】按钮。

此时，Dimension 在您指定的位置保存项目，默认扩展名为 .dn。

图 7-4

图 7-5

Dimension 和 Stager 的区别

如果您有权使用 Substance 3D Stager，那么学习本课时，您完全可以用它代替 Dimension。使用模型、材料等时，两者的基本操作几乎完全一样。

两者最主要的区别是，相比 Dimension，Stager 拥有的高级功能更多，渲染引擎更强大，最终得到的渲染效果更真实。

使用 Stager 时，需要注意以下与 Dimension 的区别。

- Stager 项目文件的扩展名是 .ssg。
- Stager 有一个【光线跟踪】功能，相当于 Dimension 中的【渲染预览】功能。
- 默认情况下，Stager 不会自动为场景创建相机，您必须手动创建。
- Stager 拥有许多 Dimension 所没有的初始资源。
- 在【渲染】工作区中，Stager 提供了更多的控制选项。

除了上面这些区别外，其他方面与 Dimension 几乎一样。只要您熟悉 Dimension，Stager 用起来也会得心应手。

7.3.2　Dimension 用户界面

当前，除了场景环境和相机外，新建立的项目完全是空白的。每当新建项目时，Dimension 都会在场景中自动添加环境和相机。

下面介绍一下 Dimension 用户界面，如图 7-6 所示。

【工具】面板　　　　　　　　　　　　　画布　　　　　　　　　　　　　【场景】面板

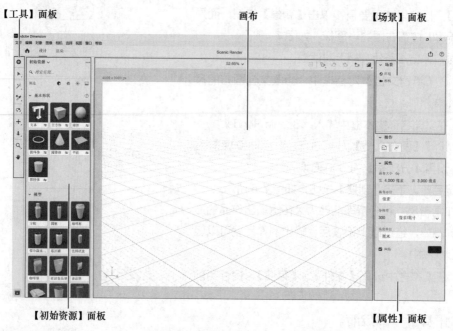

【初始资源】面板　　　　　　　　　　　　　　　　　　　　　　　【属性】面板

图 7-6

· 【工具】面板：该面板中包含一系列工具，用于选择、操控画布中的内容，以及缩放、平移相机等。

· 画布：在【设计】工作区下，画布是渲染所有资源的场所。在画布中，您可以观察整个场景，还可以调整相机改变观察视角。

· 【场景】面板：该面板显示组成当前场景的所有对象。在场景中添加模型等对象后，这些对象就会变成场景的一部分，同时在【场景】面板中显示出来。

· 【属性】面板：该面板用于修改对象的属性。若当前没有对象处于选中状态，则显示的是画布的属性，如图 7-7 所示。

· 【初始资源】面板：该面板提供大量的模型、材质、灯光、图形、图像等资源，您可以从中选择合适的资源应用到自己的项目中。

新文档刚创建好时，【场景】面板中只显示【环境】和【相机】两个对象。

选择【环境】后，【属性】面板中只显示环境的相关属性，比如全局光照、地面在画布中的显示方式等，如图 7-8 所示。

选择【相机】后，【属性】面板中显示默认相机属性，如图 7-9 所示。

图 7-7

图 7-8

图 7-9

调整相机属性的方法有两种：一种是在【属性】面板的相关属性中直接输入数值，另一种是使用【工具】面板中的【环绕工具】（⊚）、【平移工具】（✥）、【推拉工具】（↕）在场景中旋转和移动相机。

当您修改相机属性时，画布中的网格会随之改变，但如果当前场景中没有模型，您几乎察觉不到网格的变化。

Dimension 工作区

不同于 Photoshop、Illustrator、InDesign 等 Creative Cloud 应用程序，Dimension 只有两个工作区：【设计】工作区、【渲染】工作区。

在 Dimension 用户界面左上角选择【设计】或【渲染】，如图 7-10 所示，可切换至相应工作区。

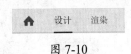

图 7-10

本课大多数操作都是在【设计】工作区中展开的。当设计工作完成后，下一步便是进入【渲染】工作区，把最终的作品渲染输出，以便在其他地方或场合中使用。

7.3.3 搭建场景

在 Dimension 中搭建场景时需要考虑多种因素，比如背景图像、透视关系、光线等，您可以根据需要手动调整这些设置。此外，Dimension 还集成了 Adobe Sensei 技术，能够自动分析背景图像中的光线和透视关系，并应用至场景。

7.3.3.1 添加背景图像

搭建场景的第一步是在场景中添加一幅合适的背景图像。

❶ 若【初始资源】面板未显示，请单击用户界面左下角的【内容】按钮（▭），将该面板显示出来，如图 7-11 所示。

❷ 在【初始资源】面板顶部的【筛选】选项组中，单击【图像】按钮（▭），仅显示背景图像资源，如图 7-12 所示。

图 7-11

图 7-12

③ 将【桌子】图像拖入场景，如图 7-13 所示。

图 7-13

此时，Dimension 会把您选择的图像应用至场景背景。仔细观察，您会发现透视网格与桌面不太匹配。

接下来，根据背景图像调整场景中的透视网格和光线。

④ 在【操作】面板中，单击【匹配图像】按钮。

此时，弹出【匹配图像】对话框。

❺ 取消勾选【将画布大小调整为】复选框，勾选【创建光线】和【匹配相机透视】复选框，单击【确定】按钮，如图 7-14 所示。

此时，Dimension 将自动分析背景图像中的光线和透视关系，并将数据应用于场景，如图 7-15 所示。这个过程中，画布大小始终保持不变，因为前面取消勾选了【将画布大小调整为】复选框。

图 7-14

图 7-15

7.3.3.2 了解照明和相机

执行【匹配图像】操作后，您会发现画布和【场景】面板发生了一些变化。

首先，画布中的地面和相机透视发生了变化；其次，还添加了几个定向光，在【场景】面板中可以看到它们，如图 7-16 所示。

图 7-16

执行【匹配图像】操作后，Dimension 自动在场景中添加了这些定向光，并根据分析结果对它们做了相应设置。在【场景】面板中，单击某个定向光，其属性就会在下方的【属性】面板中显示出来，如图 7-17 所示。

如果 Dimension 自动添加和设置的灯光不符合您的要求，您可以自己调整它们。例如，您可以删除不合适的灯光，或者根据需要修改现有灯光的各种属性，包括【高度】【旋转】【强度】等。

同样，您可以在【场景】面板中选择【环境光照】，然后根据需要在【属性】面板中调整环境光照的各种属性。与定向光一样，环境光照也源自背景图像，但可调整的属性要少得多，如图 7-18 所示。

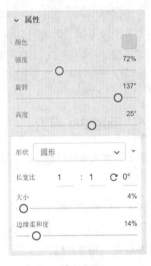

图 7-17

这些灯光不会影响背景图像，它们只作用于场景中的模型。由于当前场景中尚未添加任何模型，所以不管调整灯光的哪个属性，场景都不会发生任何变化。

在【场景】面板中选择【相机】，【属性】面板立即显示出所选相机的属性，如图 7-19 所示。

图 7-18

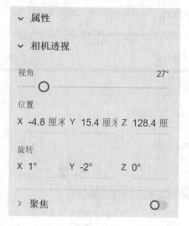

图 7-19

执行【匹配图像】操作后，您可以在【属性】面板中看到相机的各个属性值发生了很大变化，这是 Dimension 根据背景图像中的透视信息重新调整相机的结果。

到这里，整个场景就搭建好了，包括背景图像、灯光和相机。

调整相机

在 Dimension 中调整相机的方法有两种：一种是在【属性】面板中直接输入数值，另一种是使用【工具】面板中的相机操纵工具，如图 7-20 所示。

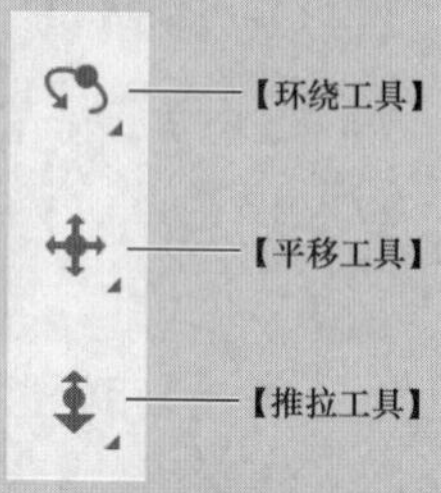

不同的相机操纵工具有不同用途。

【环绕工具】（ ）：用于围绕场景旋转相机，以便从不同视角观察场景。

【平移工具】（ ）：用于向上、向下、向左和向右移动相机。

【推拉工具】（ ）：用于前后移动相机，使相机靠近或远离主体。

图 7-20

设置好一个视图后，单击【相机书签】按钮（ ），可以把它保存起来。使用【相机书签】功能，您不仅可以快速返回以前精心设置的视图，还可以保存多个视图，以便相互比较。

7.3.4 添加 3D 模型

前面我们已经在场景中添加好了背景图像，并设置好了灯光和相机。接下来，该在场景中添加一些 3D 模型了。

7.3.4.1 添加咖啡袋

Dimension 内置了许多 3D 模型，您可以在【初始资源】面板中找到它们。下面把咖啡袋模型添加到场景中，并使用【选择工具】调整咖啡袋模型的位置。

① 在【初始资源】面板顶部的【筛选】选项组中，单击【模型】按钮（●），仅显示模型，如图 7-21 所示。

② 向下拖动滚动条，选择【咖啡袋】模型，如图 7-22 所示，将其添加到场景中央。

💡 提示　您还可以通过简单的拖曳操作，将模型从【初始资源】面板添加到画布中，此时您可以自由指定放置位置。

③ 使用【选择工具】（►）选择咖啡袋模型，向右拖动该模型，当提示框中的【X】为 19.5cm 时，如图 7-23 所示，停止拖动，释放鼠标。

图 7-21　　　　图 7-22

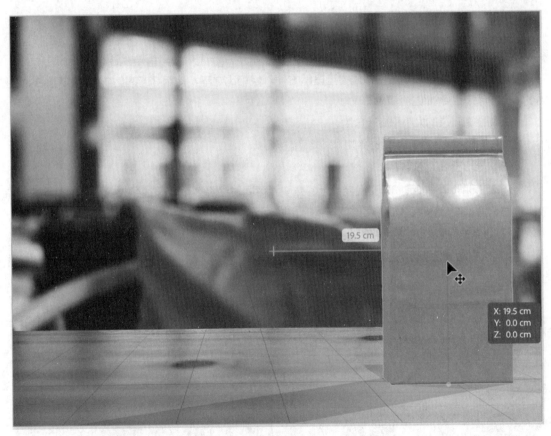

图 7-23

此时，咖啡袋位于场景右侧，但在 y 轴和 z 轴方向上没有移动。

💡 注意　【工具】面板顶部有一个【添加和导入内容】按钮（●），单击它，可以把从其他地方获得的模型添加到场景中。

3D 变换控件

在 Dimension 中选择 3D 模型时会显示一个 3D 变换控件，如图 7-24 所示。借助该控件，您可以沿着 x、y、z 轴方向移动、缩放、旋转模型。

在 3D 变换控件中，箭头表示位置、方块表示缩放、圆圈表示旋转。不同坐标轴及其相关控件用不同颜色表示：粉色表示 x 轴及其相关控件，绿色表示 y 轴及其相关控件，蓝色表示 z 轴及其相关控件。

当使用 3D 变换控件时，鼠标指针右下角会显示相应的提示信息，指出您当前操纵的是哪个轴、哪个属性以及当前值是多少。

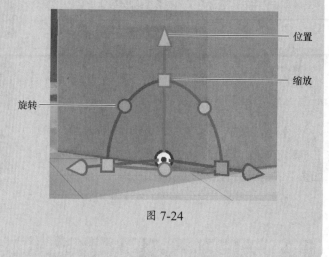

图 7-24

7.3.4.2 调整咖啡袋属性

使用【选择工具】在场景中移动模型虽然方便，但相比之下，使用 3D 变换控件能够调整的属性更多，操作起来也更加便捷和精确。

下面调整咖啡袋的大小和旋转角度。

❶ 使用【选择工具】（ ▸ ）选择咖啡袋模型。

此时，显示出 3D 变换控件。

❷ 按住 Shift 键，拖动 3D 变换控件上的方块，可同时沿着 3 个坐标轴缩放模型。当提示框中缩放比例显示为 120.0% 时，如图 7-25 所示，停止拖动，释放鼠标和 Shift 键。

拖动过程中，提示框中的缩放比例会不断变化，请时刻关注。

❸ 向左拖动绿色圆圈，当提示框中显示的旋转角度为 -30° 时，如图 7-26 所示，停止拖动，释放鼠标。

图 7-25

图 7-26

到这里，咖啡袋的大小和旋转角度就设置好了。接下来，在场景中添加其他对象。

7.3.4.3　添加咖啡杯并调整属性

下面在场景中添加咖啡杯模型，并调整咖啡杯的位置、大小，使其与咖啡袋在位置、比例上保持和谐。

❶ 在【初始资源】面板顶部的【筛选】选项组中单击【模型】按钮，选择【咖啡杯】模型，如图 7-27 所示。

此时，Dimension 把咖啡杯模型放置到场景中央，并选中它，显示出 3D 变换控件。

❷ 使用【选择工具】（ ）向右拖动粉红色箭头，当提示框中的【X】为 3.5cm 时，如图 7-28 所示，停止拖动，释放鼠标。

图 7-27

> 💡**提示**　使用 3D 变换控件移动模型时，可以精确控制模型的位置。

❸ 沿 z 轴向相机移动咖啡杯模型，使其离相机更近。移动鼠标指针至蓝色箭头上，向下拖动该箭头，当提示框中的【Z】为 10.5cm 时，如图 7-29 所示，停止拖动，释放鼠标。

图 7-28

图 7-29

此时，相比咖啡袋，咖啡杯离相机更近。

❹ 按住 Shift 键，拖动 3D 变换控件的任意一个方块，当提示框中缩放比例显示为 130.0% 时，如图 7-30 所示，停止拖动，释放鼠标和 Shift 键。

至此，我们就在场景中添加好了咖啡杯和咖啡袋，并且调整好了它们的位置和大小。接下来，该给咖啡杯和咖啡袋添加材质和图形了。

图 7-30

设计原则：比例

比例是一个相对容易掌握的设计原则，您只要细心观察现实世界中的物体，就能很好地理解它。在设计领域中，比例主要指的是多个物体在大小方面呈现出的对比关系，如图7-31所示。但在某些情况下，也可以用来表现物体在数量、颜色等方面的对比关系。

无论使用哪种3D软件，只要场景中有多个对象，就必须认真考虑它们之间的比例关系，以确保整个场景的协调性和美观度。

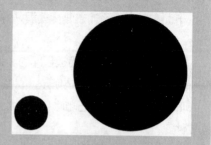

图7-31

本示例项目在场景中添加了两个3D模型，放置与调整这两个3D模型时必须考虑它们之间的比例关系，确保场景整体看起来和谐。

7.3.5 添加材质和图形

在Dimension中，大多数3D模型都应用了默认材质，这些默认材质是一些基本的材质，真实感不强。所谓默认材质，一般是指那种简单的白色材质。

【初始资源】面板中的大多数模型应用的都是默认材质。

咖啡袋模型与其他白色模型不一样，它默认应用的是一种纸张材质，看起来非常有质感。相比之下，咖啡杯的默认材质并不好，需要换一种材质。

7.3.5.1 更换咖啡杯材质

下面选择一种更好的材质，应用至咖啡杯的杯身，增强其真实感。

❶ 在【场景】面板中，【咖啡杯】左侧是一个文件夹图标（🖿），而非立方体图标（◉），这表示咖啡杯模型是一个组合模型。单击【咖啡杯】左侧的文件夹图标，展开它，如图7-32所示。

此时，【咖啡杯】模型下显示出两个子模型：【杯子】和【盖子】。

❷ 在【场景】面板中，移动鼠标指针至【杯子】上，右侧显示出几个图标。单击最后一个图标，如图7-33所示。

此时，【场景】面板发生了一些变化，显示出【杯子材质】。

❸ 在当前【场景】面板中，您可以很方便地为模型应用材质和图形。单击【杯子材质】，将其选中，如图7-34所示。

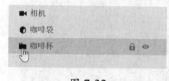

图7-32

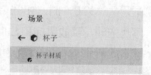

图7-33

图7-34

❹ 在【初始资源】面板顶部的【筛选】选项组中，单击【材质】按钮（◉），如图7-35所示。

此时，【初始资源】面板中仅显示材质，有【Adobe标准材质】【Substance材质】两大类。

❺ 向下滚动，在【Substance材质】下选择【纸板】材质，如图7-36所示。

❻ 把【纸板】材质从【初始资源】面板拖动至【场景】面板中的【杯子材质】上，如图 7-37 所示，释放鼠标。

图 7-36

图 7-35

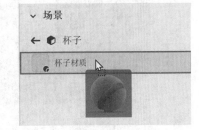

图 7-37

此时，Dimension 会将【纸板】材质应用到杯身上。

❼【属性】面板中显示了【纸板】材质的各个属性，调整这些属性，可改变纸板外观。单击【颜色】右侧的预览框，如图 7-38 所示。

此时，弹出【拾色器】面板。

❽ 选择一种深棕色作为纸板颜色，如图 7-39 所示。选择颜色有两种方法：一种是在颜色区域内单击，另一种是在颜色区域下方直接输入颜色值。这里，在【RGB】右侧依次输入 122、92、50，然后在面板外部单击，关闭【拾色器】面板。

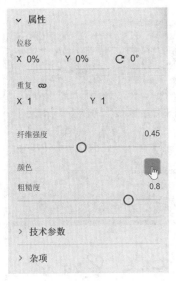

图 7-38

图 7-39

❾ 在【场景】面板中，单击【杯子】左侧的箭头图标（←），退出材质编辑界面。

此时，桌面上的咖啡杯（杯身）就应用了【纸板】材质，而且改变了颜色，如图 7-40 所示。咖啡杯盖子本身就是塑料材质，这里不做改动，保持原样即可。

图 7-40

7.3.5.2 查看 Illustrator 文件

前面在场景中添加好了咖啡杯和咖啡袋，并且设置好了材质。接下来，该给咖啡杯和咖啡袋贴徽标和标签了。

转到 Lessons\Lesson07\07Start 文件夹下，打开 coffee_branding.ai 文件，查看徽标和标签，如图 7-41 所示。

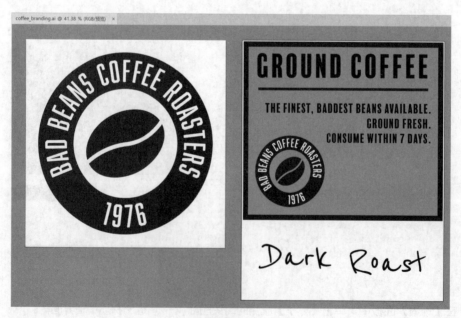

图 7-41

第 4 课讲 Illustrator 时，制作的就是这家咖啡店的徽标，相信您不会陌生。coffee_branding.ai 文件中包含两个画板，分别放置着徽标和标签。

Dimension 允许您直接把 Illustrator 文件中的图形放置到模型上，而且还允许您选择放置哪个画板中的图形。

> 💡 注意　在模型上放置图形、图像时，Dimension 支持多种格式（如 AI、PSD、JPG、PNG、TIF、EPS、BMP、SVG 等）。

7.3.5.3　在咖啡杯上贴徽标

下面把 Illustrator 文件中的徽标贴到咖啡杯模型上。

❶ 在【场景】面板中展开【咖啡杯】模型，选择【杯子】模型，如图 7-42 所示。

此时，【操作】面板中显示出与【杯子】模型相关的快速操作。

❷ 在【操作】面板中，单击【将图形放置在模型上】按钮（🖻），如图 7-43 所示。

此时，弹出一个文件浏览对话框。

❸ 在文件浏览对话框中，打开 Lessons\Lesson07\07Start 文件夹，选择 coffee_branding.ai 文件，单击【打开】按钮。

此时，Dimension 就把徽标贴到了咖啡杯上，同时在【场景】面板中【图形】（徽标）出现在【纸板】材质之上，如图 7-44 所示。

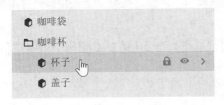

图 7-42

图 7-43

图 7-44

❹ 按住 Shift 键，拖动 3D 变换控件上的方块，略微缩小徽标，使其与杯身更协调，如图 7-45 所示。

❺ 选择整只咖啡杯，拖动 3D 变换控件上的绿色圆圈，当旋转角度为 -13° 时，如图 7-46 所示，停止拖动，释放鼠标。

图 7-45

图 7-46

此时，咖啡杯和咖啡袋都朝左放置，整体看起来更加协调。

7.3.5.4　在咖啡袋上贴标签

类似于给咖啡杯贴徽标，给咖啡袋贴标签也是相同的步骤。当然，在细节上还是有一些不同的，毕竟是不同的模型和图形。

❶ 在【场景】面板中选择【咖啡袋】模型，然后在【操作】面板中单击【将图形放置在模型上】按钮（ ），如图 7-47 所示。

此时，弹出一个文件浏览对话框。

❷ 在文件浏览对话框中，打开 Lessons\Lesson07\07Start 文件夹，选择 coffee_branding.ai 文件，单击【打开】按钮，打开后如图 7-48 所示。

图 7-47

图 7-48

此时，Dimension 把徽标贴到了咖啡袋上，【属性】面板也发生了变化，显示出咖啡袋的材质和图形。

默认情况下，Dimension 会把 Illustrator 文件中第 1 个画板的内容贴到模型上。接下来，修改一下。

❸ 在【属性】面板中，单击【图像】右侧的缩览图，如图 7-49 所示。

此时，弹出一个画稿选择面板。

❹ 在【画稿】下拉列表中选择【画稿 2】，如图 7-50 所示。在面板外部单击，关闭面板。

图 7-49

图 7-50

此时，贴在咖啡袋上的图形就从徽标变成了标签。

❺ 选择【选择工具】（▶），拖动标签，调整标签在咖啡袋上的位置，使其更好地贴合咖啡袋的形状。当标签出现在合适的位置时，停止拖动，释放鼠标，如图 7-51 所示。

图 7-51

到这里，整个 3D 场景就制作好了。

更换和删除图形

要在 Dimension 中更换或删除模型上的图形，操作非常简单。

更换模型上的图形有两种情况：一种是您要更换的图形在同一个文件的另外一个画板中，此时只需在【画稿】下拉列表中选择另一个画板即可；另一种是您要更换的图形在另外一个文件中，此时需单击面板右上角的【选择一个文件】按钮（🖿），然后选择新图形文件即可。

要删除模型上的图形，操作也很简单：在【场景】面板中，进入模型材质编辑界面，选择要删除的图形，然后单击【操作】面板中的【删除】按钮（🗑）即可。

使用【渲染预览】功能

Dimension 有一个【渲染预览】功能，该功能的开关（🖾）位于画布的右上方。

关闭【渲染预览】功能后，对象的渲染过程变得相对简单，光照和阴影的处理也会得到很大程度的简化，这有助于减轻系统在整个项目制作过程中的负担。开启【渲染预览】功能后，您能更好地了解最终渲染效果，阴影也会更加真实。两者对比如图 7-52 所示。

关闭【渲染预览】功能　　　　　　　　开启【渲染预览】功能

图 7-52

在项目设计的某个阶段，开启【渲染预览】功能不仅是必要的，而且还有诸多好处。但是，在调整和修改场景中模型的属性时，为了避免给系统带来不必要的负担和干扰，建议暂时关闭【渲染预览】功能。

7.4　分享与渲染 3D 场景

Dimension 提供了多种灵活的分享方法，可以帮助您轻松地把自己的作品分享出去，供其他人审阅或协作修改。下面介绍一下分享方法。

7.4.1　导出以用于 Aero

Adobe Aero 是 Adobe 公司推出的一款适用于移动设备的增强现实体验作品创作应用程序。截至本书写作时，Adobe Aero 桌面版正在紧锣密鼓地开发。

Adobe Aero 允许您通过移动设备的摄像头把 3D 模型、多层 PSD 文档、动画、静态图像等叠加到实时视频画面上。

要从 Dimension 中导出已制作好的模型供 Aero 使用，请从菜单栏中选择【文件】>【导出】>【选定内容以用于 Aero】，启动导出流程。

此时，弹出【为 Aero 而导出】对话框，提示要转换文件以便在 Aero 中使用，如图 7-53 所示。

单击【导出】按钮后，您可以选择将选中的模型导出至 Creative Cloud 同步文件夹，或者其他方便 Aero 访问的位置。

在 Aero 项目中，您可以把刚刚导出的模型叠加到真实场景中，如图 7-54 所示。在 Aero 中，您还可以根据需要自由地调整、安排这些模型，打造出独特的创意作品。

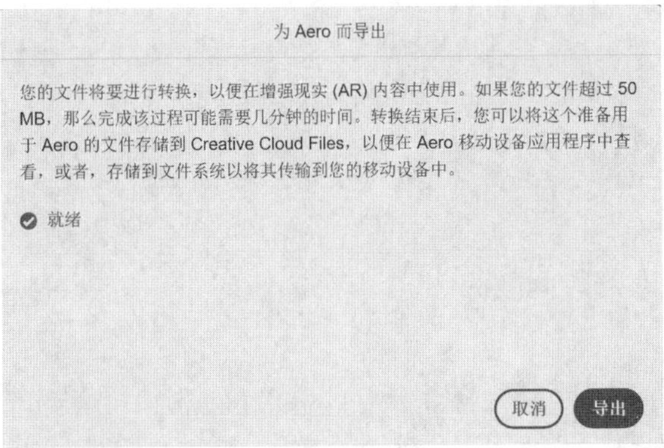

图 7-53

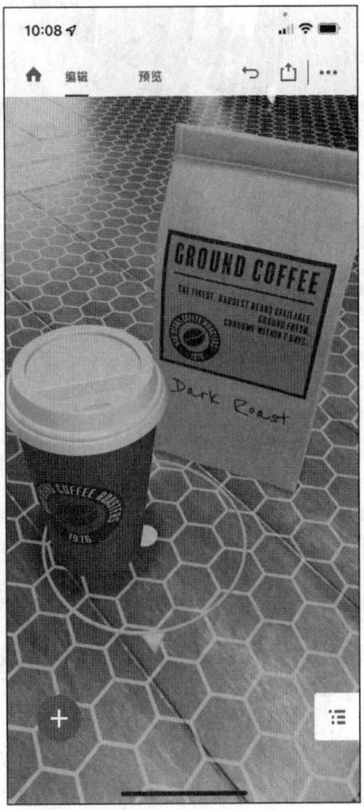

图 7-54

使用 Aero 创建好增强现实体验项目后，您可以提供一个链接地址或二维码，将其分享给其他人。赶紧拿起您的移动设备，亲自尝试一下吧！

注意 在 Dimension 用户界面的右上方，单击【共享 3D 场景】按钮（），可允许其他人在交互式在线查看器中共享您的 3D 场景。单击该按钮，Dimension 会生成一个链接，通过这个链接，其他人可以轻松查看您创建的 3D 场景。

7.4.2 使用【渲染】工作区

在 Dimension 中导出 3D 场景最主要的方式是使用【渲染】工作区。

下面把前面制作好的 3D 场景渲染成一个包含多个图层的 PSD 文档，以便后续处理。

❶ 在 Dimension 用户界面的左上方选择【渲染】，进入【渲染】工作区，如图 7-55 所示。

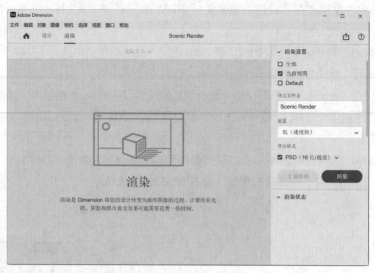

图 7-55

相比【设计】工作区，【渲染】工作区要简单得多。

❷【渲染设置】面板如图 7-56 所示，您可以根据需要做以下设置。

图 7-56

· 如果您之前创建了多个相机书签，请勾选需要渲染的相机书签。勾选【当前视图】复选框，
Dimension 将渲染当前视图。

· 在【导出文件名】文本框中输入文件名。

· 将【存储至】设置为一个用于存储最终渲染文件的位置。

- 在【质量】下拉列表中选择一种渲染质量，有低、中、高 3 档可选。

- 在【导出格式】选项组中，勾选【PSD（16 位 / 通道）】复选框，Dimension 将把 3D 场景以 PSD 格式输出。

设置完毕后，单击【渲染】按钮。

此时，Dimension 启动渲染，同时在中间区域呈现渲染实时画面，供您预览渲染进度。

❸ 渲染过程中，【渲染状态】面板中会显示进度条和预估时间，如图 7-57 所示。

图 7-57

渲染完成后，您可以在指定位置找到输出的 PSD 文件，然后在 Photoshop 中打开该文件，做进一步编辑和处理，比如添加文字、图形，调整背景图像等。

💡提示　在【渲染设置】面板中，您选择的质量越高，渲染耗时就越长。渲染需要占用大量计算资源，包括 CPU、GPU、内存等。如果您的计算机配置不高，渲染速度就慢，耗时就长。

7.5 复习题

❶ Substance 3D 与 Dimension 有什么不同？

❷【匹配图像】功能有什么作用？

❸ 模型和材质有什么不同？

❹ 使用 3D 变换控件能调整哪些属性？

7.6 复习题答案

❶ Substance 3D 是一套专业的、面向 3D 设计师的设计工具集。而 Dimension 是 Creative Cloud 的一部分，目标用户是那些熟悉 Photoshop 和 Illustrator 等应用程序的设计人员。

❷【匹配图像】功能使用 Adobe Sensei 技术从透视、光照等多个方面深入分析静态图像，通过添加灯光、调整相机透视等方式，将分析结果应用于整个 3D 场景，从而增强场景的真实感。

❸ 模型是 3D 对象，可以放置在 3D 场景中。材质是应用在模型上的纹理和外观，能够赋予模型逼真的质感。

❹ 3D 变换控件支持您在 3 个坐标轴（x 轴、y 轴、z 轴）上调整模型的位置、缩放和旋转属性。

使用 Audition 制作音频

课程概览

本课主要讲解以下内容。

- 配置硬件设备以录制和播放音频。
- 编辑音频并进行降噪处理。
- 在多轨会话中叠加和混合音频。
- 强调设计原则。
- 创建多轨混音并制作音频文件以供分享。

学习本课大约需要 **1** 小时

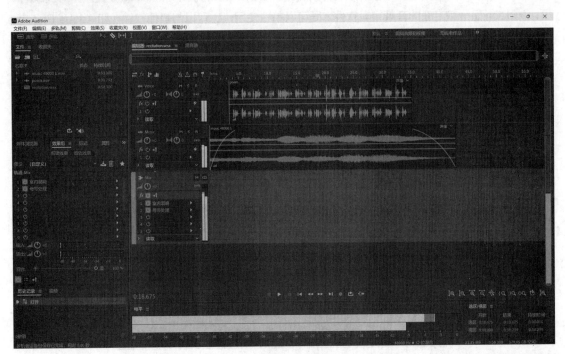

使用 Audition，您可以轻松创作出单波形音频、制作多轨编曲项目，Audition 广泛应用于音乐创作、播客录制、专业配音、电影配乐及音频修复等多个领域。

8.1 课前准备

首先听一下成品，了解本课要做什么。

❶ 进入 Lessons\Lesson08\08End 文件夹，双击 08End.mp3 文件，在媒体播放器（如 QuickTime、Preview、VLC 等）中播放音频，如图 8-1 所示。

08End.mp3 文件是一个朗诵配乐作品，巧妙地把诗歌朗诵和伴奏融为一体，形成一种和谐而又富有感

图 8-1

染力的效果。在这个作品中，每个部分的电平都经过了精心调整，各个部分相互协调、完美融合。同时，每个错误都被精准修剪，并添加了淡入淡出效果，整体制作显得特别专业。

❷ 关闭 08End.mp3 文件。

8.2 Audition 简介

Creative Cloud 包含一系列用于制作数字音频、视频和动画的软件，Audition 是其中不可或缺的一员。Audition 是一款专业的音频编辑软件，既可以单独使用，也可以与其他软件（如 Adobe Premiere Pro）配合使用。

Audition 等音频编辑软件能够根据音频随时间变化的幅值生成视觉图形，如图 8-2 所示。经过转换，音频会以波形的形式呈现出来，原本不可见的声音变成了可见的图形，然后您就可以使用不同工具与波形进行交互了。

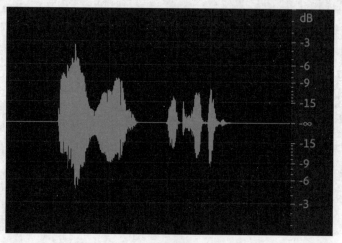

图 8-2

一名出色的调音师，必须对声音有敏锐的感知能力。在 Audition 中调整音频时，虽然有波形图等视觉辅助工具，但是也不能完全依靠它们，一定要培养对声音的敏感度。处理音频时，要不断聆听，认真感受每个操作对声音的细微影响，力求精确调整，使最终效果符合预期。

8.2.1 音频处理方式

Audition 提供以下 3 种不同的音频处理方式。

- 使用波形编辑器录制、编辑单个音频文件。
- 使用多轨编辑器把不同音频片段放在不同轨道上进行混合和调整。
- 使用 CD 布局功能编辑多个有序音频文件以制作 CD。

💡 **注意** 目前 Audition 仍支持 CD 布局功能，但由于该功能已不符合现代音频编辑流程，因此本课不讲解相关内容。

8.2.2 Audition 用户界面

Audition 的用户界面相当简单，如图8-3所示。本课全程使用【默认】工作区。为了跟学本课内容，建议您也选择【默认】工作区。

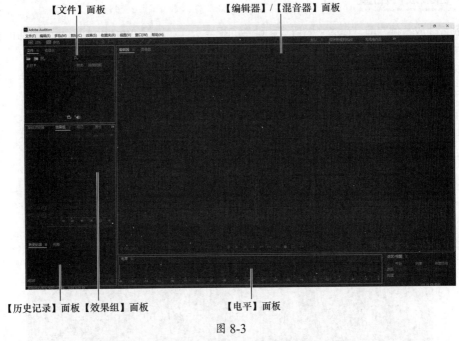

图 8-3

若当前不在【默认】工作区下，请在用户界面右上方单击【默认】，进入【默认】工作区。

下面重点介绍一下本课学习中用到的一些面板。

- 【文件】面板：该面板显示当前正在处理的所有音频、录音、会话等项目文件。
- 【效果组】面板：该面板用于向单个波形或会话轨道添加效果。
- 【历史记录】面板：该面板用于显示历史操作步骤。
- 【电平】面板：该面板显示正在录制或播放的音频的音量（以 dB 为单位）。
- 【编辑器】面板 /【混音器】面板：大多数可视化波形和片段数据在此显示，您也可以在这里处理、编排音频。您可以使用波形编辑器处理单个录音，使用多轨编辑器在多轨道环境中编排和混合不同音频。

💡 **注意** 在【默认】工作区下，【基本声音】面板位于用户界面右侧。关闭【基本声音】面板，可以为工作区中的其他元素留出更多空间。

8.3 使用波形编辑器

在 Audition 中，使用波形编辑器可以录制和编辑单个音频文件。在波形编辑器中，您既可以录制全新音频，也可以打开已有音频文件，对它们做进一步的编辑和处理。

用户界面左上角有两个按钮：【波形】与【多轨】，如图 8-4 所示。单击它们，可以轻松地在波形编辑器和多轨编辑器之间切换。

图 8-4

> 💡 **注意** 单击【波形】按钮时，若当前没有打开任何音频文件，Audition 会弹出【新建音频文件】对话框，要求您创建一个。

8.3.1 音频硬件配置

录制或播放音频之前，请务必做好音频硬件的配置工作，确保 Audition 能够正确识别和使用麦克风、扬声器等硬件。若音频硬件配置不正确，Audition 将无法正常录制或播放音频。

❶ 在菜单栏中选择【Audition】>【首选项】>【音频硬件】（macOS），或者在菜单栏中选择【编辑】>【首选项】>【音频硬件】（Windows），打开【首选项】对话框，如图 8-5 所示。

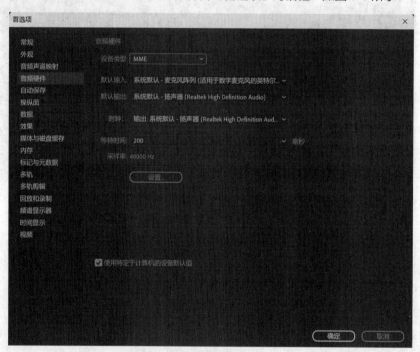

图 8-5

❷ 在【音频硬件】选项卡中，最重要的设置是【默认输入】（指定使用哪个麦克风录制音频）和【默认输出】（指定把音频输出到哪组扬声器）。您可以选择内置硬件，也可以使用外部音频接口（若有）。请务必选择最适合您的设置的硬件。

❸ 在左侧列表中选择【音频声道映射】。在该选项卡中，您可以具体指定所选硬件的输入和输出通道在 Audition 中的映射方式。

❹ 请务必先检查您的【默认立体声输入】设置，如图 8-6 所示。大多数麦克风本质上是单声道

的（只能采集单个声音通道）。

> 💡 **注意** 采集立体声（声音包含左声道和右声道）时，请在【默认立体声输入】选项组中将【1[L]】和【2[R]】映射至同一个麦克风输入。而输出设置在很大程度上取决于您的硬件性能，您至少应该为【1[L]】和【2[R]】选择一组立体声通道。

❺ 单击【确定】按钮，关闭【首选项】对话框。

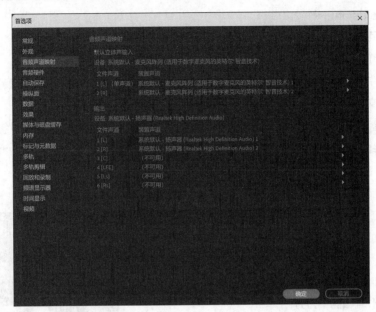

图 8-6

监听音频输入

录音前需要先测试音频的输入配置。使用鼠标右键单击【电平】面板，从弹出的快捷菜单中选择【输入信号表】。此时，Audition 就会实时显示当前从麦克风检测到的电平大小，如图 8-7所示。

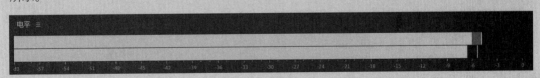

图 8-7

一般来说，人正常说话的音频电平峰值应该在 −12dB 到 −3 dB 之间。如果低于 −12dB，请调高硬件的输入增益。如果高于 −3dB，请调低硬件的输入增益。

8.3.2 录音

前面配置好了音频硬件并且输入正常，接下来就可以录音了。

这里选择约翰·济慈（John Keats）的诗 *This Living Hand*，请朗诵一遍，并录下来。

This living hand, now warm and capable

Of earnest grasping, would, if it were cold

And in the icy silence of the tomb,

So haunt thy days and chill thy dreaming nights

That thou wouldst wish thine own heart dry of blood

So in my veins red life might stream again,

And thou be conscience-calmed, see here it is

I hold it towards you.

当然，您也可以选择朗读其他诗歌或文章，这完全取决于您的个人喜好。

下面新建一个音频文件。

❶ 在【文件】面板中，单击【新建文件】按钮（▣），从弹出的菜单中选择【新建音频文件】，弹出【新建音频文件】对话框。

❷ 在【新建音频文件】对话框中，将【文件名】设置为 poem ，或者设为其他对您有意义的名称。

❸ 从【采样率】下拉列表中选择【48000】，从【声道】下拉列表中选择【立体声】，从【位深度】下拉列表中选择【32（浮点）】。

这样，Audition 就会以 48000Hz 的采样率录制立体声，每次采样为 32 位。

❹ 单击【确定】按钮，如图 8-8 所示，关闭【新建音频文件】对话框。

此时，Audition 创建好音频文件，显示在【文件】面板中，同时在波形编辑器中打开。

❺ 当您做好录制准备后，单击【编辑器】面板下方的【录制】按钮（▣），启动录制，如图 8-9 所示。

图 8-8

❻ 请您朗读诗歌。请注意，朗读开始前和结束后，都需要短暂停顿一下。此外，朗读时不要太急促，行与行之间也要有停顿。

录音过程中，Audition 会一边记录您的声音，一边生成波形。朗读过程中出现多次停顿也没关系，后面编辑音频时可以修剪掉。

❼ 朗读结束后，单击【编辑器】面板下方的【停止】按钮，停止录制。

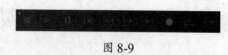

图 8-9

❽ 保存刚录制的音频。在菜单栏中选择【文件】>【保存】，打开【另存为】对话框。

【另存为】对话框中显示了音频文件的一些信息，包括文件名和保存位置等。

❾ 在【格式】下拉列表中选择【Wave PCM（*.wav，*.bwf，*.rf64，*.amb）】格式。Wave PCM 是一种高质量、未压缩的音频格式。

> 💡注意　在【另存为】对话框中，您还可以看到采样类型和采样率等属性，这些属性在新建音频文件时就已经指定好了。

❿ 把保存位置更改为 Lessons\Lesson08\08Start 文件夹。

⓫ 单击【确定】按钮，如图 8-10 所示，保存音频文件。

图 8-10

音频文件属性

新建音频文件时，您会看到以下几个属性。

- 【采样率】是指系统将模拟声音信号转换成数字信号时每秒采样的次数。
- 【声道】用于指定是录制单声道（即单一声道）还是立体声（包括左声道和右声道）。
- 【位深度】表示采集每个数据样本时的密度，它决定了音频信号量化的精细度和动态范围。

位深度越大，每个样本包含的音频数据量越大，音频的质量也就越高。

8.3.3 编辑音频

前面已经录好了音频并保存到了本地硬盘中。下面在波形编辑器中查看音频波形，如图 8-11 所示，大致了解一下需要编辑什么。

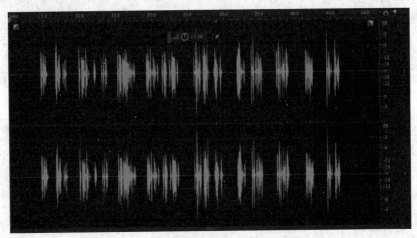

图 8-11

波形图刻画的是音频随时间的变化情况，横轴表示时间（以分和秒为单位），纵轴表示音频的振幅（以 dB 为单位）。振幅越大，声音越响亮；振幅越小，声音越轻柔。

波形图的上方是导航器。导航器显示着当前音频的整个波形图。导航器上有一个视口控件，移动鼠标指针至视口控件上，当鼠标指针变成手形（✋）时，如图 8-12 所示，拖动鼠标，可改变下方的波形区段。

图 8-12

拖动视口控件的左端或右端，可缩放下方的波形。放大波形后，您将能观察到更多的声音细节，有助于提高调整的精确度。

下面对音频文件做一些编辑，清理掉停顿不当的地方。

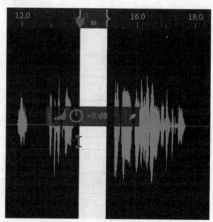

❶ 时间标尺上有一个播放滑块（▣），拖动滑块至某个位置，然后单击【播放】按钮或按空格键，可从指定位置开始播放音频。

❷ 听一下录音，找出那些停顿过长的地方，然后使用【时间选择工具】（▣）在波形图上选中需要删除的区段。

❸ 此时，选择的区段上出现振幅调整工具，如图 8-13 所示。拖动小拨盘，可增大或减小当前所选区段的振幅。

❹ 从波形图上删除所选区段，以缩短停顿时长。按 Delete 键，可删除所选区段。

❺ 使用相同的方法删除其他地方的长停顿，包括朗读开始前和结束后的长停顿。全部删除后，再听一遍录音，确保录音中没有明显的停顿。

对比处理前后的音频波形，很明显，处理后的音频波形要比处理前紧凑，如图 8-14 所示。

图 8-13

处理前的音频波形

处理后的音频波形

图 8-14

8.3.4 清理噪声

除了长停顿外，录音中还夹杂着一些噪声，这些噪声也需要好好清理一下。Audition 提供了专门的噪声清理工具，能够帮助我们有效地清理音频中的噪声。事实上，Audition 最主要的用途便是运用各种降噪技术去除音频中的噪声。

下面使用降噪效果来消除录音中的背景噪声。

❶ 使用【时间选择工具】在音频波形上选取一个静谧且无录音的片段，如图 8-15 所示。

这个片段只包含要去除的背景噪声，因此可以用来生成噪声样本供 Audition 分析。有了噪声特征，Audition 就可以在整个音频中识别并抑制这种噪声。

❷ 在菜单栏中选择【效果】>【降噪 / 恢复】>【捕捉噪声样本】，在弹出的对话框中单击【确定】按钮，如图 8-16 所示。

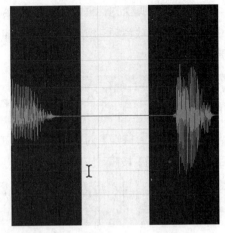

图 8-15

图 8-16

此时，Audition 捕捉噪声样本并进行分析，获得噪声特征。

❸ 在菜单栏中选择【效果】>【降噪 / 恢复】>【降噪（处理）】，打开【效果 - 降噪】对话框，如图 8-17 所示。

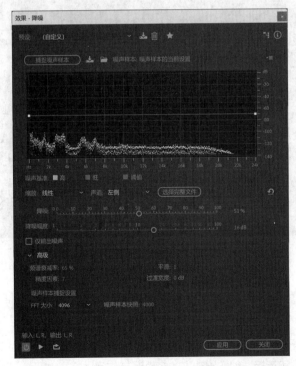

图 8-17

在【效果 - 降噪】对话框中可以看到，Audition 自动把前面捕获的噪声样本加载至当前效果中。

④ 此时，播放音频，您听到的是 Audition 降噪处理后的结果。建议您多听几遍，以确认降噪效果是否令您满意。

> **注意** 在【效果 – 降噪】对话框中，勾选【仅输出噪声】复选框，可以单独聆听被消除的噪声，以便评估降噪效果。

⑤ 在【效果 - 降噪】对话框中，拖动【降噪】滑块，调整应用于音频的降噪强度。做好所有设置后，单击【应用】按钮，应用降噪效果。

> **注意** 有些效果非常占用处理器资源，无法即时呈现，需要先应用它们，才能确认其实际结果。这些效果名称中往往含有"处理"二字，而且不能用在【效果组】中。

此外，在波形编辑器中，借助【频谱频率显示器】（▦）和【频谱音调显示器】（▦），也可以很方便地查看和编辑您的录音。

当您使用【污点修复画笔工具】、相关选择工具和清理工具（▦ 〇 ✎ ✐）对特定频率的声音进行精确编辑，或者需要查看检测到的音高数据时，【频谱频率显示器】和【频谱音调显示器】会非常有用，如图 8-18 所示。

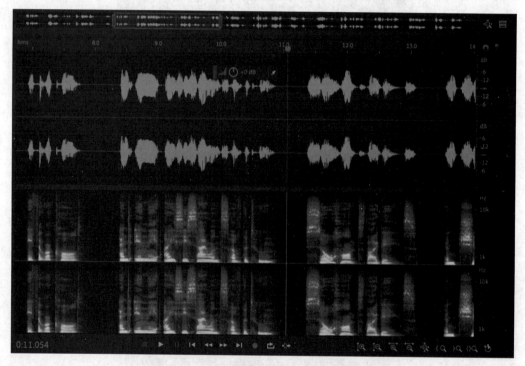

图 8-18

8.4 使用多轨编辑器

在 Audition 中，您不仅可以处理单个音频，还可以把多种音频（如人声、音乐）分层堆叠在不同轨道上，经过巧妙的编排和衔接，创作出动人的多轨混音作品。

8.4.1 新建多轨会话

使用多轨编辑器之前，您必须创建一个多轨会话文件。多轨会话文件本质上是一个数据文件，用来告知 Audition 音频文件的存放位置，以及如何在整个会话中应用各种效果和设置。

❶ 在【文件】面板中单击【新建文件】按钮，从弹出的菜单中选择【新建多轨会话】，如图 8-19 所示。

❷ 在弹出的【新建多轨会话】对话框中，您可以指定会话的名称、存储位置，如图 8-20 所示。【模板】下拉列表中有多个模板供您选用，这里选择【无】。

图 8-19

图 8-20

> 💡注意　类似于单音频文件，创建多轨会话时，您也可以设置采样率、位深度、通道混合等属性，Audition 会根据您的设置自动转换那些不符合要求的音频文件，您无须担心。

❸ 单击【确定】按钮，Audition 把多轨会话文件（扩展名为 .sesx）保存到 Lessons\Lesson08\08Start 文件夹中，同时将其在多轨编辑器中打开，如图 8-21 所示。新建的多轨会话文件中默认有 6 个空白轨道。合成音频时，您可以自由地使用它们。

图 8-21

8.4.2 向轨道添加音频

下面向空白轨道添加音频，并给各个轨道起一个合适的名字，以便更好地组织和管理它们。

❶ 单击【轨道 1】，进入名称编辑状态。输入 "Voice"，然后单击其他地方，使新名称生效。

❷ 从【文件】面板中把 poem.wav 文件拖至 Voice 轨道上。此时，Voice 轨道上立即显示出 poem.wav 的波形，如图 8-22 所示。

图 8-22

❸ 单击【轨道 2】，将其重命名为 Music。

该轨道用于放置 music.wav 音频文件，它是一段简短的音乐，您可以在本课文件夹中找到它。当然，您也可以使用其他音乐，比如您自己收藏的音乐，或者从音乐素材网站购买的音乐，请根据实际情况选择。

❹ 打开 Lessons\Lesson08\08Start 文件夹，直接把 music.wav 文件拖动至 Music 轨道上。此时，Audition 弹出一个警告对话框，告知您 music.wav 的采样率与当前多轨会话的采样率不匹配，询问您是否制作相匹配的副本，如图 8-23 所示，单击【确定】按钮。

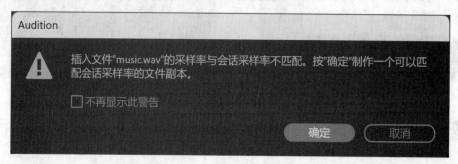

图 8-23

Audition 重新对 music.wav 音频进行采样，然后生成一个与当前多轨会话采样率一致的副本——music 48000 1.wav。同时，Music 轨道上显示出波形，如图 8-24 所示。

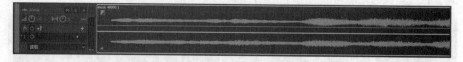

图 8-24

> 💡 **注意** Audition 擅长处理具有不同属性（如采样率）的音频文件，轻松地将它们统一起来，方便在多轨混音中使用。

目前，我们使用了两个轨道，每个轨道上放置了一个音频，一个是朗读原声，另一个是背景音乐，如图 8-25 所示。

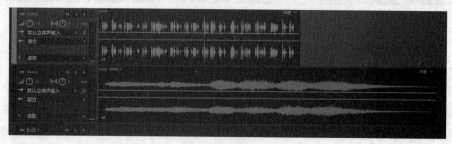

图 8-25

8.4.3 删除空轨道与修剪音频

当前项目只使用了两个轨道，另外 4 个空白轨道需要删除。删除空白轨道后，修剪音频，确保合成后的音频总长度符合要求。

首先，删除空白轨道。

❶ 在菜单栏中选择【多轨】>【轨道】>【删除空轨道】。

此时，Audition 删除所有空白轨道，只保留两个添加了音频的轨道。

接下来，修剪音乐片段，使其长度与朗读音频一致。

❷ 在 Music 轨道上，把鼠标指针移动至音频左边缘。此时，鼠标指针变成█，向右拖动鼠标，剪掉音乐片段的开头几秒，如图 8-26 所示。

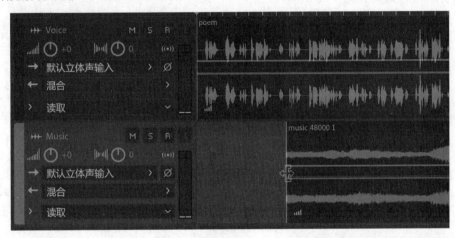

图 8-26

❸ 不仅开头部分，音乐片段的末尾部分也需要修剪。在 Music 轨道上，把鼠标指针移动至音频右边缘。

❹ 当鼠标指针变成█时，向左拖动鼠标，剪掉末尾几秒，如图 8-27 所示。

> 💡注意　事实上，以这种方式修剪音频片段并不会真的改变原始音频文件，只是改变了音频文件在剪辑容器中的长度和位置。

❺ 向左拖动修剪好的音乐片段，使其贴到轨道左端。

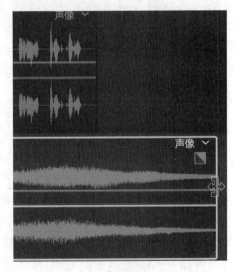

图 8-27

8.4.4 添加淡入和淡出效果

从头播放音频，您会发现背景音乐突然出现。开始播放时，背景音乐最好有一个淡入过程。

下面给音乐片段添加淡入效果。

❶ 选择 Music 轨道，音频左上角有一个双色调灰色矩形（■），将其向右拖动，创建一条平滑的

淡入曲线，如图 8-28 所示。

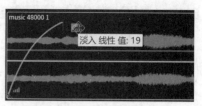
图 8-28

> 💡 注意　向上或向下拖动双色调灰色矩形（■）可以调整淡入曲线的弯曲方向和程度，使淡入变得更慢或更快，向右拖动则会增大淡入跨度。

❷ 使用同样的方法在音频末尾添加淡出效果，确保背景音乐不会戛然而止。与之前一样，添加淡出效果时，请拖动音频右上角的双色调灰色矩形（■）。

❸ 调整 Voice 轨道上音频的位置，使其恰好在背景音乐淡入完成后出现。选择 Voice 轨道，使用【移动工具】向右拖动音频（朗读人声），使其在背景音乐淡入后出现。

上面所有调整完成后如图 8-29 所示。

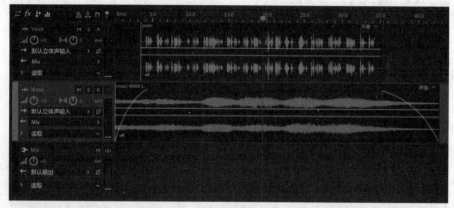
图 8-29

设计原则：强调

无论是纯视觉作品还是纯音频作品，"强调"往往是通过精心营造各种元素之间的差异来实现。常用的手段包括使用特殊颜色、放在显眼位置、将对象或声音进行隔离，以及调整大小或比例等，如图 8-30 所示。制作音频作品时，大幅改变振幅或添加新声音都能起到很好的强调、突出作用。

尤其是在有创意的音频作品中，加入特殊声音能起到很好的强调作用。例如，在示例项目中，在录音的某个位置加入一道雷鸣或关门声，能够有效地突显、强调某个关键的时间点。音乐创作中，可以使用一系列与众不同的音符进行强调。以上都是运用"强调"这一设计原则的有效策略，请根据实际情况进行选择。

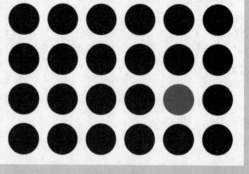
图 8-30

8.4.5　创建多轨混音

前面已经为各个轨道添加好了音频，编排好了顺序，并做了淡入淡出处理，接下来我们在整体混音中添加一些效果，然后输出混音，以便与其他人分享作品。

有一点您可能已经注意到了：在多轨会话中，除了常规轨道外，最下方还有一个特殊轨道——【混合】，如图 8-31 所示。

图 8-31

默认情况下，其他所有轨道的输出最终都会传送到这个轨道。也就是说，在【混合】轨道上所做的调整（比如应用效果）会作用于所有轨道的音频，因为最终输出时，其他所有轨道上的音频都会汇聚至【混合】轨道。

下面向【混合】轨道添加一些母带处理效果，然后渲染输出，以便与其他人分享。

❶ 在多轨会话左上角找到【输入 / 输出】按钮（▣）和【效果】

图 8-32

按钮。单击【效果】按钮（▨），如图 8-32 所示，显示每个轨道的【效果组】。

> 💡 注意　在多轨会话左上角单击相关按钮，还可以切换成【发送】（▣）或【EQ】（▥）操控界面。使用【发送】功能可以把多个轨道输出至单个总线轨道，以便在这些轨道之间方便地共享效果，或者使用发送总线控制各个轨道的音量、声像等。单击【EQ】按钮，将直接在轨道中显示一个小的 EQ 控件，不需要添加 EQ 效果。

单击【效果】按钮后，您就可以访问每个轨道的【效果组】了，当然其中也包括【混合】轨道的【效果组】。

您可以把各种效果添加至【效果组】下的任意效果插槽中。

❷ 在【混合】轨道下，单击第 1 个效果插槽右侧的箭头，如图 8-33 所示，从弹出的菜单中选择【混响】>【室内混响】。

此时，Audition 会把【室内混响】效果添加至【混合】轨道的【效果组】中，并打开【组合效果 - 室内混响】对话框。

图 8-33

在【组合效果 - 室内混响】对话框中，您可以选择现成的预设，也可以拖动各个滑块调整效果的各个属性。

❸ 在【预设】下拉列表中选择【人声混响（小）】，如图 8-34 所示，向【混合】轨道添加一点混响。

> 💡 注意　在【组合效果 – 室内混响】对话框中，您可以边播放音频边调整效果的各个属性，调整后的效果将立即在当前播放的音频中体现出来。这样一来，您不仅能轻松调整效果，还能清楚地了解多轨会话中发生了什么。

❹ 操作完成后，关闭【组合效果 - 室内混响】对话框。

> 💡 提示　在【混合】轨道中加入少量混响效果，能够让不同音轨更加自然、流畅地融合在一起。不过，加入过多混响会导致混音变得浑浊不清，请谨慎添加！

接下来，再向【混合】轨道的【效果组】中添加一个效果。处理声音时，我们通常还会给【混合】轨道添加一些母带处理效果，以调整 EQ、响度等各种参数，确保音质达到最佳状态。

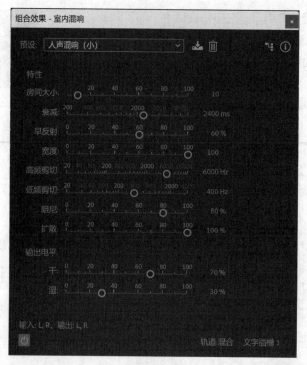

图 8-34

❺ 在【混合】轨道下，单击第 2 个效果插槽右侧的箭头，如图 8-35 所示，从弹出的菜单中选择
【特殊效果】>【母带处理】。

此时，弹出【组合效果 - 母带处理】对话框，其中显示了大量的控件。

❻ 在【预设】下拉列表中选择【为人声提供空间】，如图 8-36所示，以调整整体混音效果。尝试调整各个参数，了解它们对最终输出有什么影响。再次从【预设】下拉列表中选择同一个预设，可恢复至最初状态。

图 8-35

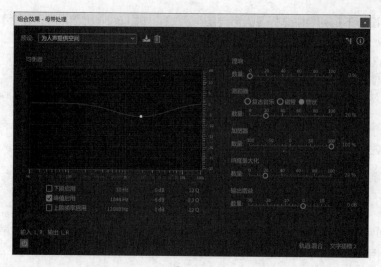

图 8-36

⑦ 调整结束后，关闭【组合效果 - 母带处理】对话框。

此时，【混合】轨道的【效果组】中就添加好了【室内混响】【母带处理】两个效果，如图 8-37 所示。其他所有轨道的音频最终输出时都会经过【混合】轨道，因此可以通过调整【混合】轨道（包括添加各种效果）来影响整个混音。

💡提示 每个效果左侧都有一个开关按钮，单击它，可以关闭或打开相应效果。

图 8-37

8.4.6 导出音频

把混音转换成单一波形，然后以常见格式导出，以便分享。

在 Audition 中，您可以很轻松地把混音转换成单一波形，然后以常见格式导出。下面把前面创建的多轨会话转换成单一波形并以指定格式导出。

❶ 在多轨编辑器下，从菜单栏中选择【多轨】>【将会话混音为新文件】>【整个会话】，如图 8-38 所示。

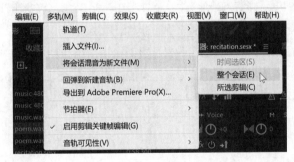

图 8-38

此时，Audition 会把多轨会话转换成单一波形，并在波形编辑器中打开。

❷ 从菜单栏中选择【文件】>【保存】，在打开的【另存为】对话框中，设置好文件名、保存位置和格式（如 WAV、MP3 等），如图 8-39 所示，单击【确定】按钮，导出音频。

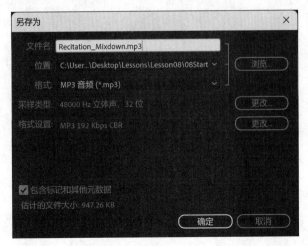

图 8-39

8.5 复习题

❶ 输入和输出硬件配置为何如此重要?

❷ 在 Audition 中,波形是什么?

❸ 处理音频时,音频电平峰值的最佳范围是多少?

❹ 分离与清理录音中特定频率的声音时,应该使用什么功能?

❺ 在多轨混音中,【混合】轨道有什么用?

8.6 复习题答案

❶ 若硬件配置不正确,音频输入或输出可能会不正常,导致声音过大或过小。因此,在项目开始之前,最好配置好硬件,避免出现问题。

❷ 波形是音频振幅随时间变化的图形化表示。

❸ 处理音频时,音频电平峰值的最佳范围是 −12dB~−3dB。听众在聆听这个范围内的声音时无须手动调节扬声器音量,同时声音听起来也会非常舒适。

❹ 启用【频谱频率显示器】和【频谱音调显示器】。

❺ 其他所有轨道的音频最终输出时都会传送至【混合】轨道,因此调整【混合】轨道能够影响并改变其他所有轨道中的音频。

使用 Premiere Pro 编辑视频

课程概览

本课主要讲解以下内容。

- 新建 Premiere Pro 项目并导入素材。
- 编辑序列中的剪辑与管理轨道。
- 调整音频电平。
- 使用关键帧让静态图像动起来。
- 在剪辑之间应用过渡效果。

- 节奏设计原则。
- 使用文本和动态图形模板制作标题和片尾字幕。
- 导出视频。

学习本课大约需要 **2** 小时

　　Adobe Premiere Pro 是一款基于时间轴的专业视频编辑工具,广泛应用于个人项目、社交媒体、电视节目、纪录片和电影等多个领域。Adobe Premiere Pro 提供了一体化视频编辑解决方案,从素材组织到编排,再到精细修剪,最后导出作品,每步都能轻松完成,极大地提高了视频制作的便捷性和效率。

9.1　课前准备

首先浏览一下成品，了解本课要做什么。

❶ 进入 Lessons\Lesson09\09End 文件夹，打开 09End.mp4 文件，观看项目的最终效果，如图 9-1 所示。

图 9-1

这段视频是使用 Premiere Pro 制作合成的，主要介绍在家烘焙面包的一些技巧和步骤。整段视频由配音、音乐、视频素材，以及一些有动态变化的静态图像组成。而且，片头有标题、片尾有字幕。

❷ 关闭视频文件。

9.2　了解 Premiere Pro

Creative Cloud 中包含两款视频编辑软件，分别是 Premiere Pro 与 Premiere Rush。本课只讲 Premiere Pro，但了解每款软件在 Creative Cloud 中的定位及其相互关系，无疑对学习和使用这些软件大有裨益。

9.2.1　关于 Premiere Pro

Adobe Premiere Pro 是一款专业的视频编辑和制作软件，广泛应用于电视和电影等行业。除此之外，Premiere Pro 还可以用于制作社交媒体内容、纪录片乃至个性化十足的私人活动视频，轻松满足各类规模较小、针对性强的视频项目的创作需求。

启动 Premiere Pro 后，首先看到的是【主页】界面，它与其他 Adobe 系列软件（如 Adobe Pho-
toshop、Adobe Illustrator 等）的【主页】界面差不多，如图 9-2 所示。

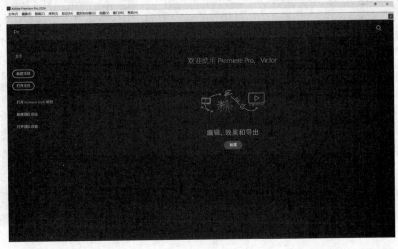

图 9-2

Premiere Pro 是一款桌面级软件，制作视频项目期间，项目中涉及的绝大部分文件都保存在本地
计算机中。

9.2.2　关于 Premiere Rush

Adobe Premiere Rush 与 Adobe Light-
room 在某些方面具有相似之处，例如两者
都能在桌面和移动设备上使用，并能轻松地
将内容同步至云端，供所有已登录相同账户
的设备使用。

Premiere Rush 主要用于快速制作短视
频，以便用户把视频快速分享至社交平台。
相较于 Premiere Rush，Premiere Pro 的功
能更为强大，更适合用来制作大型、专业的
视频项目。

使用 Premiere Rush 最常见的工作流
程是先使用手机等移动设备（Apple iOS、
Google Android）拍摄视频，然后在移动设
备上使用 Premiere Rush 粗略地编辑视频，
如图 9-3 所示。通过 Premiere Rush 把项目
同步至云端，接着，在笔记本电脑或台式计
算机中打开云端项目，进一步编辑、完善项
目，如图 9-4 所示，最后输出视频，并发布
到社交平台。

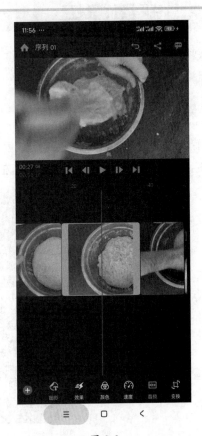

图 9-3

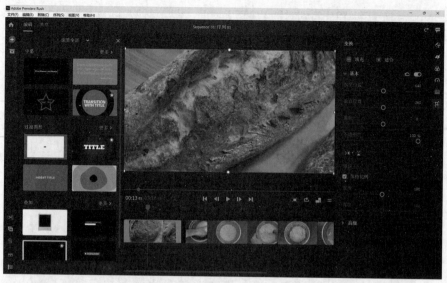

图 9-4

💡提示 使用 Premiere Rush 制作项目时，你还可以把项目序列导入 Premiere Pro，使用 Premiere Pro 提供的各种高级工具和工作流程处理它。

9.3 新建项目

本课将基于现有素材新建一个 Premiere Pro 项目。创建视频序列时，基于现有素材新建项目可确保所有相关设置都是正确的。

9.3.1 新建 Premiere Pro 项目

下面新建一个 Premiere Pro 项目，创建序列并导入所需素材。

❶ 启动 Premiere Pro，在【主页】界面左上方单击【新建项目】按钮，如图 9-5 所示。

图 9-5

Premiere Pro 进入【导入】模式，提示您为新项目命名并选择保存位置。

❷ 在【项目位置】下拉列表中选择 Lessons\Lesson09\09Start 文件夹，如图 9-6 所示。

图 9-6

❸ 在【项目名】文本框中输入"Bread"，如图 9-7 所示。

图 9-7

此时，Bread 项目尚未创建，因为还需要导入素材和创建序列。

❹ 在【导入设置】面板中，打开【创建新序列】右侧的开关，如图 9-8 所示。

❺ 在【名称】文本框中输入"Making Bread"，作为序列名称，如图 9-9 所示。

图 9-8

图 9-9

❻ 在中间文件资源浏览器中，转到 Lessons\Lesson09\09Start 文件夹下，如图 9-10 所示。

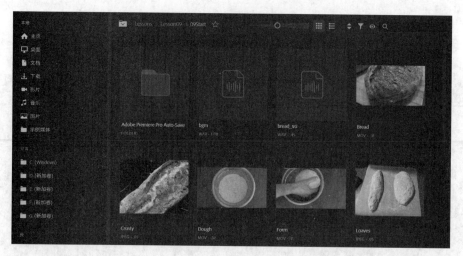

图 9-10

该文件夹中包含了将在项目中使用的所有资源，包括视频、静态图像、音频等。

❼ 在该文件夹中选择需要导入序列的文件。单击某个文件缩览图，该文件缩览图将以蓝色高亮显示，并且左上角的复选框变为勾选状态，表示该文件处于选中状态，如图 9-11 所示。

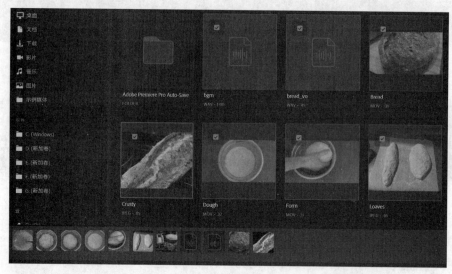

图 9-11

选择所有素材文件，Premiere Pro 会根据您选择的第一个视频文件创建序列。

💡提示　创建好序列后，你可以随时调整序列设置，具体操作为选中序列，从菜单栏中选择【序列】>【序列设置】，然后在弹出的【序列设置】对话框中修改相关设置。

❽ 单击【创建】按钮，如图 9-12 所示。

此时，Premiere Pro 在 Lessons\Lesson09\09Start 文件夹下新建名为 Bread.prproj 的项目文件，然后进入【编辑】模式。本课中的大多数操作都是在【编辑】模式下展开的。

图 9-12

9.3.2 Premiere Pro 用户界面

前面新建好了项目、序列，导入了需要的素材。接下来，我们一起了解一下 Premiere Pro 的【编辑】模式下的用户界面，如图 9-13 所示。

在【编辑】模式下，Premiere Pro 内置了多种工作区，本课使用【组件】工作区。若当前不是【组件】工作区，请在用户界面右上方单击工作区选择器（■），从弹出的菜单中选择【组件】，进入【组件】工作区。

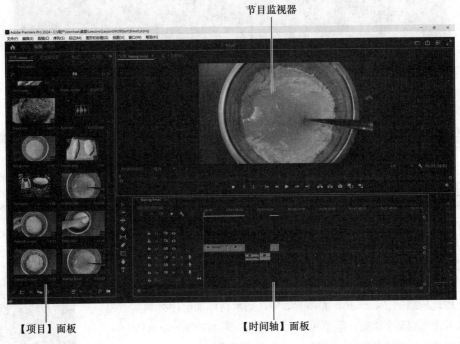

节目监视器

【项目】面板 　　　　　　　　　　　　　　　　　　　　　【时间轴】面板

图 9-13

Premiere Pro 中内置的大多数工作区都包含以下部分。

· **【项目】面板：** 该面板包含导入项目中的所有资源、序列以及其他 Premiere Pro 本地资源。

· **【时间轴】面板：** 显示当前所选序列的时间轴。在【时间轴】面板中，您可以把素材（如视频、音频等）添加到序列中，并编排它们在序列中的位置与顺序。

· **节目监视器：** 显示播放滑块当前所在位置的画面，在这里您可以轻松控制整个序列的播放操作。

Premiere Pro 提供多种工作区，您可以根据需要选择合适的工作区。接下来，切换至【编辑】工作区，比较一下其与【组件】工作区有何不同。实际工作中，【编辑】工作区也很常用。

在用户界面右上方，单击工作区选择器（■），从弹出的菜单中选择【编辑】，进入【编辑】工作区，如图 9-14 所示。

源监视器   节目监视器

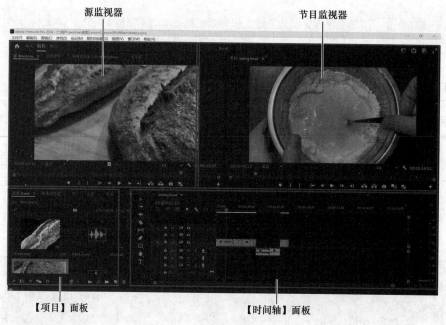

【项目】面板   【时间轴】面板

图 9-14

在【编辑】工作区中，除了节目监视器之外，还有源监视器。在源监视器中，您可以加载某个视频素材，指定要在序列中使用素材的哪一段。

> 💡 **注意** 在 Premiere Pro 中，工作区和工作流程模式是不同的概念。工作区指由若干面板按照某种方式排列所形成的用户界面，工作流程模式包含【导入】【编辑】【导出】3 个。

9.3.3 认识【时间轴】面板

【时间轴】面板中包含一系列轨道。轨道相关概念在第 8 课讲解过，相信大家已经比较熟悉了。在 Premiere Pro 中，把素材添加至序列其实就是把素材放入序列的某个轨道。但与 Audition 不同的是，在 Premiere Pro 中，视频轨道和音频轨道是分开的，如图 9-15 所示。

在 Premiere Pro 中创建一个序列，新序列默认有 3 个视频轨道（V1、V2、V3）和 3 个音频轨道（A1、A2、A3）。向序列中添加素材时，视频素材和静态图像素材会添加到 V1 轨道上，音频素材会添加到 A1 轨道上。这里，我们把添加到视频或音频轨道上的素材统一称为"剪辑"。当把一个包含音频的视频素材添加到序列中时，Premiere Pro 会自动把素材的视频放入视频轨道、音频放入音频轨道。

图 9-15

Premiere Pro 中的时间表示方式

在【时间轴】面板中，您会发现 Premiere Pro 表示时间的方式与其他软件不同。

在 Premiere Pro 中，时间的显示格式为 00：00：00：00。这 4 组数字代表"时：分：秒：帧"。例如，00：03：30：00 表示的是 3 分 30 秒。

最后一组数字代表的是帧数，它有特定的取值范围，取值范围由序列的帧速率决定。如果序列的帧速率为 30 帧 / 秒，那么半秒就是 15 帧，即 00：00：00：15。

9.3.4　编排序列剪辑

在导入期间，选好素材，设置好序列，然后单击【创建】按钮，Premiere Pro 会把你选择的素材按照选择顺序放入序列的音频或视频轨道中，如图 9-16 所示。当前视频剪辑的总时长已经超出项目的时长要求。

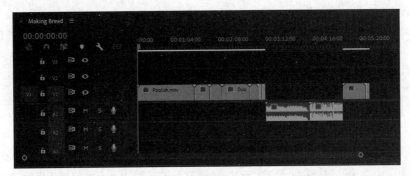

图 9-16

因此，我们需要合理调整视频剪辑的长度，并且根据音频内容编排视频画面，使两者完美匹配。

💡 **注意**　在 Premiere Pro 中，项目文件以外部链接的方式引用素材文件。这些素材文件并非真的嵌入了项目文件，它们仍然保存在原始位置上。因此，创建项目和管理素材时，建议你将其有条理地排序，避免过分随意和杂乱，以确保工作有条不紊地展开。

💡 **提示**　当项目中的某个素材断链时，使用鼠标右键单击断链，从弹出的快捷菜单中选择【链接媒体】，重新链接素材文件即可。

当前项目中包含以下素材文件，Premiere Pro 已经把它们添加到了序列中。

音频文件。

- bgm.wav：项目背景音乐。
- bread_vo.wav：面包制作解说音频。

视频文件。

- Poolish.mov：制作波兰发酵种。
- Dough.mov：把波兰发酵种与其他面粉混合形成面团。
- StretchOne.mov：第一次抻拉。
- StretchTwo.mov：第二次抻拉。
- Form.mov：发酵前揉面。
- Bread.mov：烤好的面包出炉后冷却一段时间。

静态图像。

- Crusty.jpeg：烤制面包。
- Loaves.jpeg：分割成形的面包面团。

- Oven.jpeg：准备好的烤箱。

创建素材箱

当前所有素材文件都在【项目】面板的根目录下。事实上，你可以在【项目】面板中自由地创建多个素材箱（本质是文件夹），把各种素材按照不同类型组织起来。素材箱支持嵌套，能够形成复杂的层次组织结构。

在【项目】面板底部单击【创建新素材箱】按钮（▣），Premiere Pro 会在【项目】面板中创建一个素材箱。创建好素材箱后，你就可以拖入相关素材，把所有素材按照一定逻辑组织起来。

制作大型项目时，用到的素材有很多，一般需要创建多个素材箱来组织素材。本课示例项目很小，用到的素材也不多，因此不需要单独创建素材箱。

下面根据需要从序列中删除一些视频和静态图像，以便组织、编排序列中的剪辑。

❶ 在轨道头中，移动鼠标指针至 V1 与 V2 轨道之间的分界线上，此时鼠标指针变成一个双箭头（🔁）。向上拖动鼠标，增加 V1 轨道的高度，如图 9-17 所示。

图 9-17

不断增加 V1 轨道的高度，直到轨道中出现素材缩览图，停止拖动，释放鼠标。

❷ 调整音频剪辑的位置，将两段音频原封不动地用在项目中。选择 bgm.wav 音频剪辑，将其拖入 A2 轨道，靠左端（即 00:00:00:00 处）放置，如图 9-18 所示。

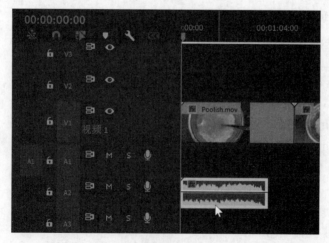

图 9-18

bgm.wav 音频是项目的背景音乐。在 Premiere Pro 中改变剪辑的轨道很容易，直接将剪辑拖曳至目标轨道即可。

❸ 在 A1 轨道上，把 bread_vo.wav 音频剪辑拖至 00:00:05:00 处，如图 9-19 所示。

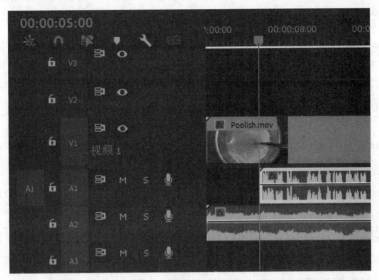

图 9-19

这样调整后，播放时，背景音乐先响起，5 秒后解说声音才响起。

❹ 使用【选择工具】（▶）选中 V1 轨道中的所有剪辑，如图 9-20 所示。

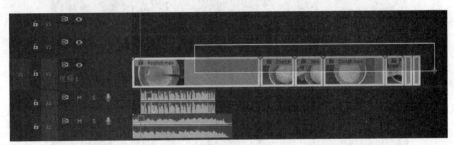

图 9-20

❺ 按 Delete 键，删除 V1 轨道中的所有剪辑，如图 9-21 所示。

图 9-21

此时，Making Bread 序列中只包含两个音频剪辑。一个是背景音乐，位于 A2 轨道；另一个是解说音频，位于 A1 轨道。下面根据实际需求向 Making Bread 序列中添加视频和图像素材。

9.4　添加与编排素材

接下来，根据实际需要，重新向序列中添加视频和图像素材，并精心组织和编排它们，最终形成一个符合要求的视频作品。

9.4.1　调整音频电平

根据解说音频，在序列中添加相应的视频和图像素材，确保视频画面与解说内容呼应、和谐。我们不希望背景音乐喧宾夺主，掩盖解说的声音，否则会使观众难以听清解说内容，导致观看体验不佳。

本示例项目中，音频是"设计蓝图"，是编排视频素材的依据。调整视频之前，有必要调整一下音频电平。

❶ 若当前不在【编辑】工作区下，请单击用户界面右上角的工作区选择器（▇），在弹出的菜单中选择【编辑】，进入【编辑】工作区。

❷ 在用户界面左上方选择【音频剪辑混合器】，打开【音频剪辑混合器】面板，其中包含多个音频控件，如图 9-22 所示。

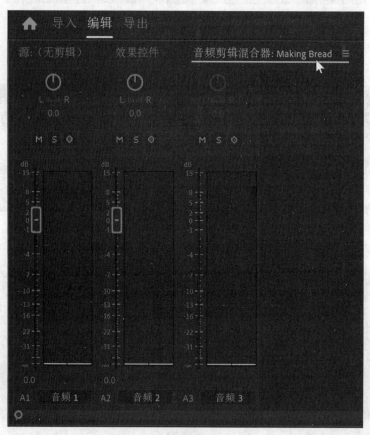

图 9-22

【音频剪辑混合器】面板下的各个音频轨道与序列中的音频轨道一一对应。

❸ 在【音频剪辑混合器】面板中，把【音频 1】重命名为 Voice 、【音频 2】重命名为 Music，如

图 9-23 所示。

当前【音频 3】轨道上没有放置任何音频剪辑，完全可以忽略它。

❹ 按空格键，播放音频，同时各个音频的电平会在【音频剪辑混合器】面板中实时显示，如图 9-24 所示。

图 9-23

听起来还不错，但最好还是把背景音乐和解说声音降低一点。

❺ 在【音频剪辑混合器】面板中，拖动音量滑块或者直接输入数值，把 Voice 轨道的电平设置为 -2.0dB、Music 轨道的电平设置为 -13.0dB，如图 9-25 所示。

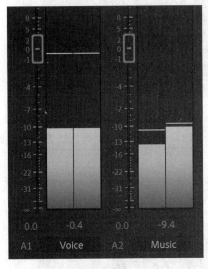

图 9-24

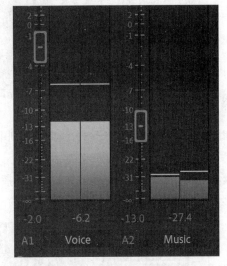

图 9-25

此时，解说声音与背景音乐融合得更好了。再次播放音频，仔细聆听，确保解说声音与背景音乐协调，令人愉悦。

> 💡 注意　若音频轨道足够高，你甚至还可以看见整个音频剪辑的振幅包络线，将其向上或向下拖动也能提高或降低音量。

> 💡 提示　若你希望删除序列中的某个空白轨道，请在轨道头中使用鼠标右键单击轨道名称右侧的空白处，然后从弹出的快捷菜单中选择【删除单个轨道】即可，如图 9-26 所示。

图 9-26

9.4.2 向序列中添加静态图像

接下来向序列中添加静态图像。

首先在 V1 轨道上添加一幅烤好的面包的图像。

❶ 按空格键或者单击节目监视器中的【播放 - 停止切换】按钮（▶），听一下音频的前 9 秒。

音乐响起，旁白说，烤一条美味的面包并不难。这说明，这 9 秒期间，视频画面中将只显示一幅烤好的面包的图像。

❷ 在【项目】面板中找到 Crusty.jpeg，将其拖入序列的 V1 轨道，如图 9-27 所示。

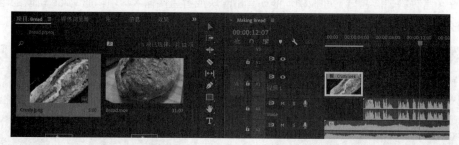

图 9-27

此时，Premiere Pro 会把图像添加到序列中，默认时长为 5 秒。我们希望增加图像显示时长至 9 秒，使图像在整个开场白期间一直显示。

❸ 移动鼠标指针至图像剪辑右端，鼠标指针变成█时，向右拖动鼠标，到达 9 秒处停止拖动，如图 9-28 所示，释放鼠标。

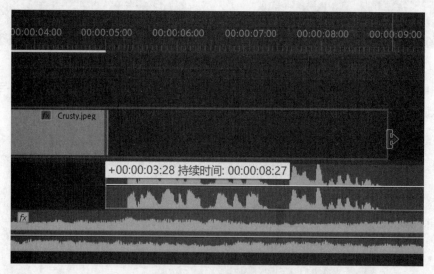

图 9-28

此时，静态图像时长变为 9 秒，在整个开场白期间一直显示在画面中。

> 💡提示　在 Premiere Pro 中，把一幅图像放入序列后，其默认时长为 5 秒，但默认时长是可以改的。在菜单栏中选择【Premiere Pro】>【首选项】>【时间轴】（macOS），或者在菜单栏中选择【编辑】>【首选项】>【时间轴】（Windows），打开【首选项】对话框。在【时间轴】选项卡中，有一项是【静止图像默认持续时间】，修改它，即可改变静态图像在序列中的默认时长。

9.4.3 向序列中添加视频

下面向序列中添加一系列视频，使其与解说介绍的制作步骤对应，确保视频画面和声音同步。

这个过程需要用到 Premiere Pro 提供的一个工具——源监视器。

❶ 从第 9 秒开始，继续播放音频，到第 15 秒处停止播放。

解说中提到首先要制作波兰发酵种，所以需要往视频轨道上添加一段制作波兰发酵种的视频。

❷ 在【编辑】工作区中，选择【源：（无剪辑）】，如图 9-29 所示，打开源监视器。

图 9-29

在源监视器中，为源素材添加入点和出点，Premiere Pro 只把入点和出点之间的视频片段作为剪辑添加到序列中。

❸ 在【项目】面板中，找到名为 Poolish.mov 的视频，将其拖入源监视器，如图 9-30 所示。

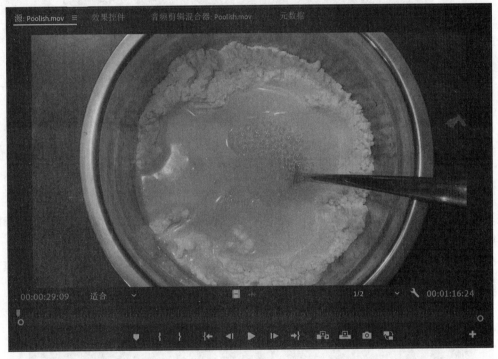

图 9-30

此时，源监视器中显示出 Poolish.mov 视频画面。在源监视器中拖动播放滑块，浏览视频素材。当前视频素材太长了，只需从视频素材中选取一个时长为 6 秒的视频片段。

❹ 在源监视器中，把播放滑块移动至 00:01:18:00 处。单击【标记入点】按钮（🔧），标记剪辑入点，如图 9-31 所示。

图 9-31

❺ 在源监视器中，把播放滑块移动至 00:01:24:00 处。单击【标记出点】按钮（🔳），标记剪辑出点，如图 9-32 所示。

图 9-32

这样，通过添加入点和出点，我们就从视频素材中选好了一个时长为 6 秒的视频片段（即入点和出点之间的部分）。

❻ 在源监视器中，移动鼠标指针至视频画面，将其拖曳至【时间轴】面板中的 V1 轨道上，确保它紧接在静态图像后面，然后释放鼠标，如图 9-33 所示。

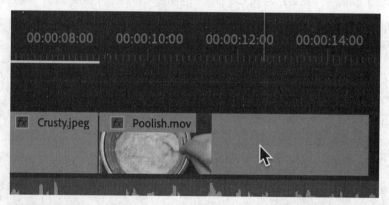

图 9-33

这样，我们就把选好的时长为 6 秒的视频片段添加到了序列中。观察时间轴，可以发现刚添加的视频片段有点短，不能完全覆盖对应音频。

❼ 移动鼠标指针至视频剪辑右端，鼠标指针变成🔳时，向右拖动鼠标，延长视频片段，使其末尾位于音频波形的两个波峰之间，如图 9-34 所示，释放鼠标。

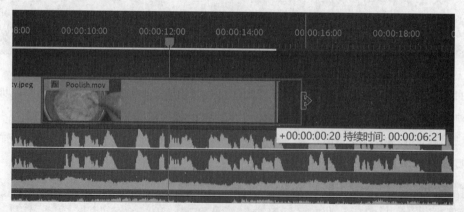

图 9-34

这样一来，在音频讲解制作波兰发酵种的期间，相应制作视频会持续播放，确保观众能够同时看到视频画面。

仅拖动视频与仅拖动音频

如果源素材中既有视频又有音频，那么在从源监视器直接把视频画面拖曳至序列时，Premiere Pro 会同时把素材中的视频和音频添加到序列中。

对于同时包含音频和视频的素材，如果只想把素材中的视频添加到序列中，请拖动【仅拖动视频】图标（■）。同样，如果只想把素材中的音频添加到序列中，请拖动【仅拖动音频】图标（■）。

本示例项目中，Poolish.mov 素材中仅包含视频，不包含音频，因此将其添加至序列时，既可以直接拖动视频画面，也可以拖动【仅拖动视频】图标，最终只有视频被添加到序列中。

9.4.4 添加其他视频和静态图像

下面参考解说音频，使用前面学习的方法在序列中添加其他视频和静态图像，让整个序列充实起来。在源监视器中从素材选取视频片段时，请务必注意剪辑的起始时间和持续时间，如图 9-35 所示。

图 9-35

在向序列中添加视频和静态图像时，请按照以下步骤操作，这样可确保您的实际操作结果和这里完全一致。

❶ 从【项目】面板中把 Dough.mov 拖入源监视器。在 00:00:21:23 处设置入点，在 00:00:27:28 处设置出点，得到一个时长约为 6 秒的视频片段，将其拖入 V1 轨道，紧接在上一个视频后面。

❷ 从【项目】面板中把 StretchOne.mov 拖入源监视器。在 00:00:02:10 处设置入点，在 00:00:08:25 处设置出点，得到一个时长约为 6 秒的视频片段，将其拖入 V1 轨道，紧接在上一个视频后面。

❸ 从【项目】面板中把 StretchTwo.mov 拖入源监视器。在 00:00:08:01 处设置入点，在 00:00:11:13 处设置出点，得到一个时长约为 3 秒的视频片段，将其拖入 V1 轨道，紧接在上一个视频后面。

❹ 从【项目】面板中把 Form.mov 拖入源监视器。在 00:01:13:00 处设置入点，在 00:01:16:13 处设置出点，得到一个时长约为 3.5 秒的视频片段，将其拖入 V1 轨道，紧接在上一个视频后面。

❺ 从【项目】面板中直接把 Loaves.jpeg 拖入 V1 轨道，将持续时间更改为 3 秒，紧接在上一个剪辑后面。

❻ 从【项目】面板中直接把 Oven.jpeg 拖入 V1 轨道，将持续时间更改为 2.5 秒左右，紧接在上一个剪辑后面。

❼ 从【项目】面板中把 Bread.mov 拖入源监视器。在 00:00:05:18 处设置入点，在 00:00:15:15 处设置出点，得到一个时长约为 9.5 秒的视频片段，将其拖入 V1 轨道，紧接在上一个剪辑后面。

❽ 播放整个序列，检查各个剪辑的切换时间点是否与音频内容匹配，根据实际情况，使用【选择工具】做相应调整。

在序列中添加好所有视频和图像后，【时间轴】面板如图 9-36 所示。如果你完全按照上面的步骤添加视频和图像，您的最终操作结果将与图 9-36 所示一致。

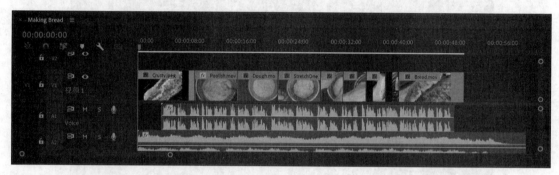

图 9-36

9.4.5　调整静态图像

前面我们已经把静态图像添加至序列中了，但在节目监视器中查看时，会发现图像本身的尺寸比视频画面尺寸大很多。出现这个问题的原因是图像的分辨率远大于序列的分辨率。

下面调整静态图像的大小，使其恰好能够填满整个视频画面。

❶ 使用【选择工具】在序列中单击 Crusty.jpeg，将其选中，如图 9-37 所示。

❷ 在用户界面左上方选择【效果控件】，打开【效果控件】面板，如图 9-38 所示。

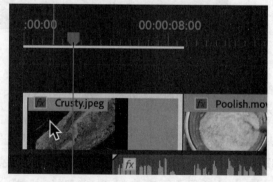

图 9-37

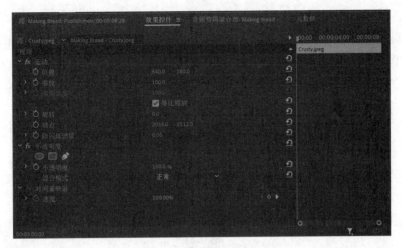

图 9-38

由于当前选中的是图像，所以【效果控件】面板中只显示【运动】【不透明度】【时间重映射】3
个效果。

💡 提示　请务必先在序列中选中某个剪辑，然后再打开【效果控件】面板，否则【效果控件】面板将不会显示任何效果控件。

❸ 在【运动】效果下，把【缩放】设置为
38.0，如图 9-39 所示。

❹ 移动播放滑块至 00:00:02:23 处，此时
在节目监视器中可以看出图像已经缩小了，如
图 9-40 所示。

图 9-39

图 9-40

同时，视频画面中显示的图像内容也变多了。

❺ 在序列中单击 Loaves.jpeg，将其选中。打开【效果控件】面板，在【运动】效果下，调整其【缩放】为 70.0，如图 9-41 所示。

图 9-41

❻ 在序列中单击 Oven.jpeg，将其选中。打开【效果控件】面板，在【运动】效果下，调整其【缩放】为 34.0。

至此，我们就调整好了 3 张图像的大小，确保它们与视频画面大小相匹配。当前面团的图像看起来还是偏大，稍后我们会通过调整其他属性来解决这个问题。

> 💡 提示　如果你希望突显图像的某个特定部分，那么可以尝试调整【位置】和【缩放】这两个属性，以实现精准的局部突显效果。

> 💡 提示　调整【缩放】属性时，除了直接输入数值外，还可以在节目监视器中双击画面，通过显示出来的变换控件来调整。这两种方式是等效的，你根据个人喜好选择一种方式即可。

9.4.6　让图像动起来

播放当前序列时，你会发现视频剪辑和静态图像之间存在明显的差异，那就是静态图像一直是静止不动的。

为了让静态图像和动态视频更好地融合，常用的一种技巧是给静态图像添加缩放、平移等动态效果，让图像动起来，这就是肯·伯恩斯效果。

下面为序列中的静态图像添加肯·伯恩斯效果，让图像动起来。

❶ 使用【选择工具】在序列中选择 Crusty.jpeg，如图 9-42 所示。在用户界面左上方选择【效果控件】，打开【效果控件】面板。

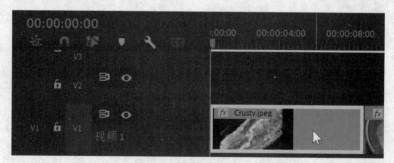

图 9-42

❷【效果控件】面板中有一个小的时间标尺和播放滑块，拖动播放滑块至左端。单击【缩放】左侧的秒表图标（■），如图 9-43 所示。

图 9-43

此时，秒表图标变成蓝色，Premiere Pro 在播放滑块所在的位置添加一个初始关键帧，用一个小菱形表示。您可以把关键帧想象成一个存放数据的容器，里面存放着当前属性在某个时间点的具体数值。

❸ 在图像剪辑末尾再添加一个关键帧。在【效果控件】面板中，拖动播放滑块至右端，如图 9-44 所示。

❹ 把【缩放】修改为 48.0。

此时，Premiere Pro 会自动在播放滑块所在的位置添加一个关键帧，如图 9-45 所示。

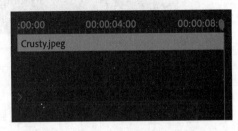

图 9-44

图 9-45

当前，【缩放】属性有两个关键帧，分别记录该属性在不同时间点的不同数值。序列播放期间，Premiere Pro 会不断改变 Crusty.jpeg 图像剪辑的【缩放】属性值，从 38.0 逐渐变为 48.0，这样静态图像就有了一个由小到大的放大动画。

❺ 在序列中选择第 Loaves.jpeg。下面为这幅图像制作平移动画。

❻ 在【效果控件】面板中，把播放滑块拖动至左端，单击【位置】左侧的秒表图标（■），添加初始关键帧，设置 x 坐标为 30.0，如图 9-46 所示。

图 9-46

此时，视频画面中只显示其中一个面团。

接下来，在图像剪辑末尾再添加一个关键帧。

⑦ 在【效果控件】面板中，拖动播放滑块至右端。

⑧ 在【位置】属性右侧，把 x 坐标修改为 185.0，如图 9-47 所示。此时，Premiere Pro 自动在播放滑块所在的位置添加一个关键帧。

图 9-47

这样，就为 Loaves.jpeg 图像添加了一段平移动画。播放动画时，x 坐标会从 30.0 逐渐变为 185.0。

⑨ 在序列中选择 Oven.jpeg，参考步骤 1 ～ 4，使用相同的方法为图像添加缩放动画。但是请注意，这里我们要把最后的【缩放】属性值设置为 38.0，如图 9-48 所示。

图 9-48

播放整个序列，检查 3 幅图像的缩放和平移动画是否符合要求。

> 💡 提示　在某个属性上添加好关键帧之后，该属性右侧就会出现关键帧导航箭头（　），单击【转到上一个关键帧】或【转到下一个关键帧】按钮，可让播放滑块从一个关键帧准确地跳转到上一个关键帧或下一个关键帧。

9.4.7　在剪辑之间添加过渡效果

当前视频剪辑和静态图像都已经根据音频内容添加至视频轨道中并且编排好了。但播放过程中，还存在前后两个剪辑之间的切换不够自然的问题。

在前后两个剪辑之间添加过渡效果，可以很好地解决这个问题。

① 在用户界面右上方，单击工作区选择器（　），从弹出的菜单中选择【效果】，如图 9-49所示。

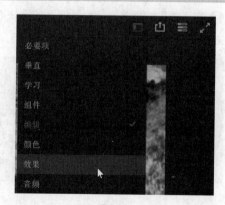

图 9-49

Premiere Pro 将从【编辑】工作区切换至【效果】工作区。

❷ 此时，打开【效果】面板，其中包含一系列效果文件夹。在【效果】面板中，依次展开【视频过渡】>【溶解】文件夹，其中包含一系列溶解过渡效果，如图 9-50 所示。

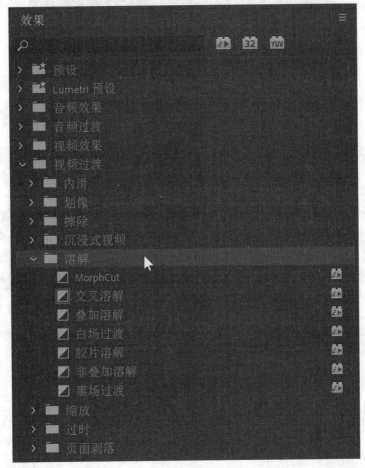

图 9-50

❸ 在序列中找到第 1 个剪辑（Crusty.jpeg），移动播放滑块至序列开头，从【效果】面板拖曳【黑场过渡】效果至剪辑左端（即剪辑起始位置）。当鼠标指针变成过渡图标且出现蓝色矩形框时，如图 9-51 所示，释放鼠标。

❹ 由于序列开头应用了【黑场过渡】效果，因此需要适当延长其持续时间。移动鼠标指针至【黑场过渡】效果指示器（位于剪辑开头）右端，此时鼠标指针变成（），如图 9-52 所示。向右拖动鼠标，稍微增加一点过渡效果的持续时间。

图 9-51

图 9-52

❺ 单击效果指示器（位于剪辑开头），打开【效果控件】面板。找到【黑场过渡】效果下的【持续时间】控制选项，将其修改为 00:00:02:20，如图 9-53 所示。

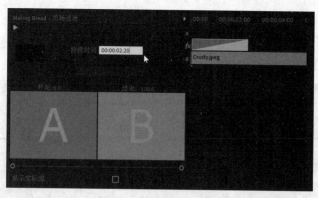

图 9-53

💡 注意　在【效果控件】面板中，不仅可以单独预览效果，还可以通过细致的控制来精确把握效果的持续时间。

⑥ 在序列的其他剪辑之间应用【交叉溶解】效果，确保视频画面从一个剪辑自然、平滑地过渡到下一个剪辑。从【效果】面板中把【交叉溶解】效果拖曳至第 1 个剪辑和第 2 个剪辑之间，当鼠标指针变成过渡图标，且蓝色矩形框同时框住第 1 个剪辑末尾和第 2 个剪辑开头时，如图 9-54 所示，释放鼠标。

图 9-54

💡 提示　应用过渡效果时，若某个剪辑没有高亮显示，通常表示该剪辑中没有足够多的额外帧来实现过渡效果。使用【选择工具】或者在源监视器中调整剪辑的入点和出点可以解决这个问题。

⑦ 在序列剩余的剪辑之间添加【交叉溶解】效果。

💡 提示　在 Premiere Pro 中，您可以使用一个命令同时在序列的所有剪辑之间添加默认过渡效果，具体操作为，选中序列中的所有剪辑，在菜单栏中选择【序列】>【应用默认过渡到选择项】。【交叉溶解】是 Premiere Pro 的默认视频过渡效果。

⑧ 在最后一个剪辑的末尾添加【黑场过渡】效果，如图 9-55 所示。

图 9-55

经过上述一系列操作后，在当前序列中，序列开头和末尾应用了【黑场过渡】效果，序列内部各个剪辑之间应用了【交叉溶解】效果，画面转换自然、流畅。

需要提醒您的是，虽然 Premiere Pro 提供了多种过渡效果，但实际应用时，只需要根据需求选择其中几种即可，切忌滥用，以免适得其反。

设计原则：节奏

设计插画或图形的过程中，经常会用到"节奏"这一设计原则，通过元素的排列、组合和变化，可以创造出具有动感且流畅的视觉效果。

常见的表现手段包括沿着画布重复排列特定的视觉元素、运用渐变的填充颜色，以及使对象属性（如高度）从一个状态逐步过渡到另一个状态等，如图 9-56 所示。

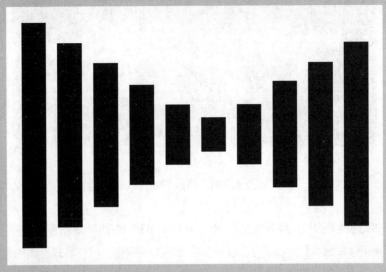

图 9-56

制作视频或音频项目时，在时间轴上重复特定模式或巧妙地应用过渡效果，可以更加直接地表现出节奏感，增强作品的吸引力和感染力。本示例项目中，我们以连贯且可重复的溶解过渡方式，将不同剪辑巧妙地连接在一起，使整部作品呈现出统一的节奏感和连贯性。

9.4.8 使用【文字工具】添加文本

在 Premiere Pro 中，在项目中添加文本的方法有多种。本课主要介绍其中两种方法，这两种方法均需要用到 Premiere Pro 的【文字工具】。

❶ 移动播放滑块至序列开头。

这样，使用【文字工具】添加的文字将在视频开始播放时出现。

❷ 选择【文字工具】（█），然后在节目监视器中单击，此时 Premiere Pro 会在 V2 轨道上添加一个文字剪辑。输入"Baking Bread"，如图 9-57 所示。

图 9-57

💡提示 在节目监视器中拖动鼠标，可轻松创建一个具有指定宽度的文本剪辑。对于较长文本，建议您使用这种方式添加文本剪辑，因为它允许您指定文本框的宽度，从而确保文本完整地呈现出来。

❸ 切换为【选择工具】，单击 V2 轨道上的文字剪辑，将其选中，如图 9-58 所示。

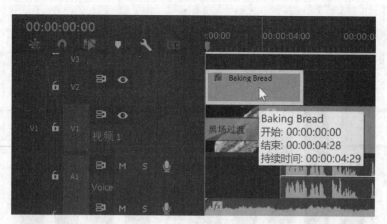

图 9-58

由于 V1 轨道上有 Crusty.jpeg 静态图像剪辑，所以 Premiere Pro 会把新创建的文本剪辑添加到 V2 轨道上。

④ 打开【效果控件】面板，展开【文本 (Baking Bread)】，如图 9-59 所示。

在【文本 (Baking Bread)】下，您可以设置文字的字体、字号、对齐方式、颜色等属性。接下来，修改几个属性，让文本更好地融入视频画面。

⑤ 选择【Soleil】字体（一种 Adobe 字体），设置字体大小为 130、填充颜色为白色（#FFFFFF），勾选【阴影】复选框，如图 9-60 所示。

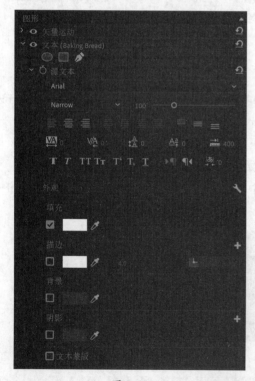

图 9-59

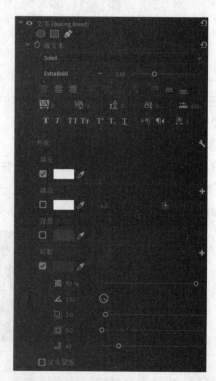

图 9-60

当然，这里的设置仅供参考，您可以根据自身情况进行其他设置。

⑥ 在节目监视器中，使用【选择工具】把格式化后的文本拖动到画面右下角，如图 9-61 所示。

图 9-61

❼ 在文本剪辑末尾添加【交叉溶解】效果，如图 9-62 所示，使文本与其他画面内容能够平滑、自然地衔接在一起。

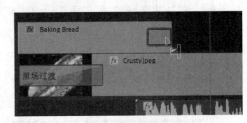

图 9-62

> 💡 提示　制作项目的过程中，您可以随时跳转至 Adobe Fonts 网站浏览、同步不同字体，以便在 Premiere Pro 项目中使用。

9.4.9　使用动态图形模板添加片尾字幕

除了在视频开头添加标题文本之外，我们还需要在视频末尾添加片尾字幕，以体现整个作品的完整性和专业性。

下面使用【基本图形】面板中的动态图形模板来添加片尾字幕。

❶ 在菜单栏中选择【窗口】>【基本图形】，或者切换至【字幕和图形】工作区，打开【基本图形】面板。

❷ 在【基本图形】面板中选择【浏览】，在搜索框中输入"credits"，按 Return（macOS）或 Enter（Windows）键，如图 9-63 所示。

此时，Premiere Pro 显示出一系列名称中包含"credits"的模板。

❸ 向下滚动，找到名为"现代制作人员"的模板，将其拖动至 V2 轨道，且使其位于序列末尾，如图 9-64 所示。

图 9-63

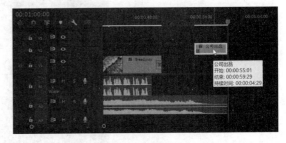

图 9-64

此时，一个剪辑出现在 V2 轨道上。

④ 使用【选择工具】选择新添加的剪辑，在【基本图形】面板中选择【编辑】，进入【编辑】模式，如图 9-65 所示，其中有多个属性可以调整。

在【编辑】模式下，您可以轻松修改各行文本、调整剪辑的【变换】属性，以及【开场持续时间】和【结尾持续时间】。

⑤ 在【编辑】模式下，选择最后 4 行文本，如图 9-66 所示，按 Delete 键删除。

删除所选文本后，当前只剩下 3 行文本。

⑥ 使用【选择工具】在节目监视器中双击第 1 行文本，修改为 FRACTURED VISION MEDIA PRESENTS。

⑦ 双击第 2 行文本，更改为 IN ASSOCIATION WITH ADOBE PRESS AND PEACHPIT。

⑧ 双击第 3 行文本，更改为 "BAKING BREAD" A FILM BY JOSEPH LABRECQUE，如图 9-67 所示。

图 9-65

图 9-66

图 9-67

此时，【基本图形】面板和节目监视器中的文本内容都发生了变化。

> 💡注意　制作片尾字幕时，您完全可以使用其他公司名称和相关信息，不需要和这里完全一样。

⑨ 使用【选择工具】在节目监视器中同时选中 3 行文本，在【基本图形】面板中，设置填充颜色为白色，如图 9-68 所示。

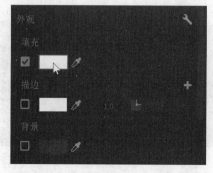

图 9-68

⑩ 在节目监视器中取消选择所有对象,在【时间轴】面板中选择片尾字幕剪辑。在【基本图形】面板中进行图 9-69 所示的设置。

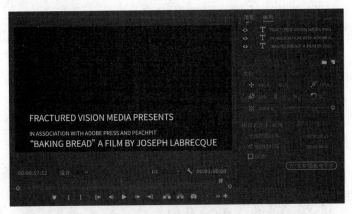

图 9-69

经过上述一系列设置后,字幕剪辑被放大,文本也随之变大,显示在视频画面左下角,这样片尾字幕就添加好了。

至此,整个序列制作完成。

9.5 导出序列

视频序列制作完毕后,下一步便是把制作好的序列以常见的视频格式导出,以便轻松地把作品分享给其他人观看和欣赏。Premiere Pro 提供了多种导出序列的方法,下面介绍其中两种。

在 Premiere Pro 中播放制作好的序列,仔细检查,确保序列中没有任何问题或瑕疵,如图 9-70 所示。

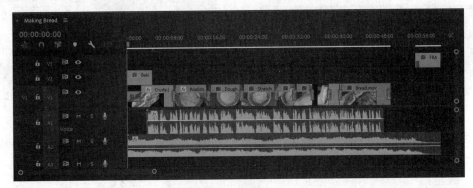

图 9-70

在当前制作好的序列中,各个剪辑之间的过渡自然、流畅,同时视频内容与解说内容契合、完美统一。标题文本引出了视频内容,片尾字幕点明了视频的归属。整个作品完成度很高,画面与声音相得益彰,画面流畅、自然。

9.5.1 使用【快速导出】功能

Premiere Pro 导出序列最简单直接的方法是使用【快速导出】功能。

❶ 在用户界面右上方单击【快速导出】按钮（🔳）。

此时，弹出【快速导出】对话框，如图 9-71 所示。在【快速导出】对话框中，您可以指定文件保存位置和编码预设。这里使用默认设置，不作任何修改。

图 9-71

❷ 单击【导出】按钮，启动导出进程，如图 9-72 所示。

导出过程中，Premiere Pro 会显示一个进度条，告知您导出进度。

❸ 导出完成后，用户界面右下角会弹出一个蓝色提示框，如图 9-73 所示。单击文件路径，在操作系统的【文件资源管理器】中打开存储文件夹，可以看到该文件夹中保存着已经导出的视频文件。

图 9-72

图 9-73

您可以把得到的视频文件以各种方式分享出去，比如上传至社交平台、视频网站，或者其他您想分享的地方。MP4 格式是一种较常用的视频格式，几乎所有播放设备都支持该视频格式。

MP4 和 H.264

MP4 和 H.264 这两个术语经常混用，了解它们的区别很重要。

· H.264 是一种视频压缩编解码器标准，广泛应用于多个领域，不仅许多应用程序支持它，许多日常生活使用的硬件设备也兼容这一标准。

· MP4 是一种常见的数字多媒体容器格式，其保存的视频内容大多使用 H.264 标准进行压缩和解压缩。

9.5.2 使用【导出】模式

在【导出】模式下，您可以更精细地控制和调整导出的各项参数，以满足不同的导出需求。

❶ 在 Making Bread 序列处于选中状态时，在用户界面左上方选择【导出】，进入【导出】模式，如图 9-74 所示。

图 9-74

❷ 左侧区域有多种导出和发布选项，如图 9-75 所示。这里我们希望得到一个常用的视频文件，以便分享。为此，在左侧区域打开【媒体文件】右侧的开关。

如果【发布】选项组中有发布视频的目标平台，您还可以打开相应开关。但是，不管发布到哪个平台，软件都会要求您验证身份并进行授权。

❸ 中间区域中列出了许多类别，每个类别下都详细列出了许多属性，可以修改这些属性来调整输出文件。这里在【格式】下拉列表中选择【H.264】，如图 9-76 所示。

图 9-75

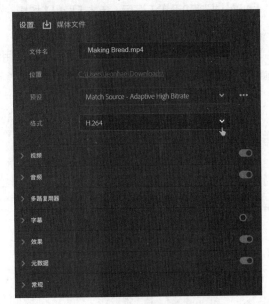

图 9-76

根据需要调整其他属性，比如【文件名】和【位置】，以便在指定位置找到最终生成的视频。

❹ 在右侧区域中，您可以预览视频，并对视频进行修剪。右侧区域下方有一些数据摘要，指明 Premiere Pro 如何根据您在左侧和中间两个区域中的设置把序列转换成目标视频。

沿着时间轴拖动播放滑块，仔细检查视频内容是否符合您的要求，如图 9-77 所示。

图 9-77

❺ 确认视频和设置无误后，单击【导出】按钮，如图 9-78 所示，把序列渲染成目标视频。

到这里，整个项目就制作好了，并且已经以通用的视频格式输出，您现在可以将其轻松发布或分享给其他人了。

图 9-78

9.6 复习题

❶ 在 Premiere Pro 中,把素材文件导入项目后会发生什么?

❷ Premiere Pro 有哪 3 种工作流程模式?

❸ 源监视器和节目监视器有何不同?

❹【项目】面板有何用?

❺【效果控件】面板中属性左侧的秒表图标有什么作用?

9.7 复习题答案

❶ 导入素材文件后,Premiere Pro 将以链接的方式引用这些文件,并不会将它们直接嵌入项目。因此,当您移动、重命名或删除素材文件时,请务必谨慎处理,以免影响项目。

❷ Premiere Pro 有【导入】【编辑】【导出】3 种工作流程模式。

❸ 源监视器用来基于素材文件生成剪辑,节目监视器用于预览序列中的视频画面。

❹【项目】面板用于组织导入的素材文件,以及项目中生成的序列、图形等资源。

❺ 属性左侧的秒表图标用于创建关键帧。当您单击秒表图标时,Premiere Pro 会在当前时间点自动添加一个关键帧,记录当前属性的值。在同一属性上添加多个关键帧,可以轻松生成属性动画。

第 10 课

使用 After Effects 合成动态影像

课程概览

本课主要讲解以下内容。

- 创建空白合成与编排导入的资源。
- 添加文本元素并修改其属性。
- 使用关键帧制作属性动画。
- 向动画应用缓动效果。

- 调整 3D 图层属性并制作动画。
- 添加效果和制作效果属性动画。
- 多样性设计原则。
- 把合成渲染为视频并发布。

学习本课大约需要 **2** 小时

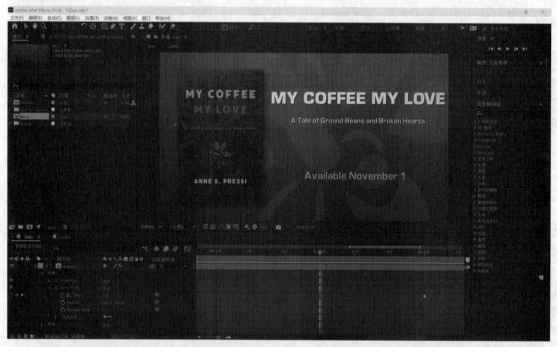

　　Adobe After Effects 是业界领先的动态图形和视频合成软件，使用它不仅能轻松设计出引人入胜的文字动画，还能制作出丰富多彩的视觉效果，合成令人惊叹的场景。

10.1 课前准备

首先浏览一下成品，了解本课要做什么。

❶ 进入 Lessons\Lesson10\10End 文件夹，打开
10End.mp4 文件，观看成片效果，如图 10-1 所示。

本课示例项目是一个时长为 10 秒的动态影像（即
MG 动画），用于宣传一本即将发行的图书（虚构）。
使用 After Effects 制作此项目的过程中用到了关键帧、
效果、3D 运动等常见功能。

❷ 关闭文件。

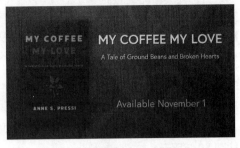

图 10-1

10.2 认识 After Effects

Premiere Pro 和 After Effects 都能处理视频内容。选择一款适合您项目的软件至关重要，这不仅
关乎制作项目的效率，而且直接决定了最终作品能否达到预期效果。

在您的项目中，如果只需要简单拼接几个视频片段并做一定的编排，那么建议您选择 Premiere
Pro 进行制作。与 Premiere Pro 相比，After Effects 在运动合成、资源操作以及效果生成等方面表现得
更为出色。

启动 After Effects 后，最先弹出的是【主页】界面，如图 10-2 所示。许多 Adobe 系列软件启动
后都会首先显示这个界面，相信您已经很熟悉了。在【主页】界面中，您可以新建项目、打开现有项
目，以及浏览资源和学习各类教程，轻松开启您的创意之旅。

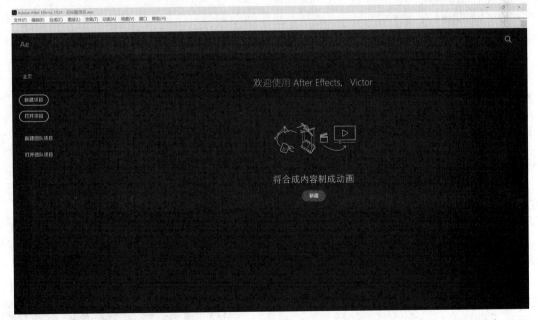

图 10-2

10.3 管理项目和合成

After Effects 操作起来非常简单，首先是创建项目，其次是创建合成，一个项目可以包含多个合成。合成是一个容器，您可以把素材资源放入其中，并对这些资源进行组织和处理。

10.3.1 创建项目

新建一个 After Effects 项目，将其保存起来，以便后续使用。

❶ 启动 After Effects，在【主页】界面中单击【新建项目】按钮，如图 10-3 所示。

此时，【主页】界面消失，打开一个无标题项目。

❷ 在菜单栏中选择【文件】>【另存为】>【另存为】，打开【另存为】对话框，转到 Lessons\Lesson10\10Start 文件夹下。在【文件名】文本框中输入 "MyCoffeeMyLove.aep"，在【保存类型】下拉列表中选择【Adobe After Effects 项目 (*.aep)】，单击【保存】按钮，如图 10-4 所示，保存项目。

图 10-3

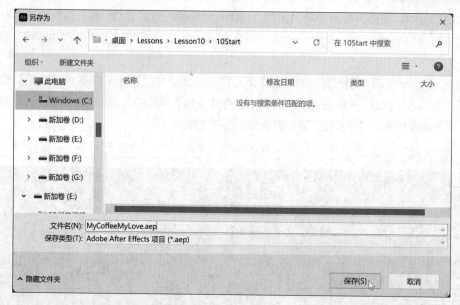

图 10-4

10.3.2 After Effects 用户界面

虽然 After Effects 是 Adobe Creative Cloud 中最复杂、最强大的应用程序之一，但其用户界面却比较简单，容易上手。

学习本课的过程中，我们只使用【默认】工作区，本课中的所有截图也都是基于【默认】工作区截取的。如果当前不在【默认】工作区下，请在工作区选择栏中选择【默认】，如图 10-5 所示，切换到【默认】工作区。

图 10-5

下面一起了解一下【默认】工作区，看看它包含哪些面板，以及这些面板在用户界面中是如何排布的，如图 10-6 所示。

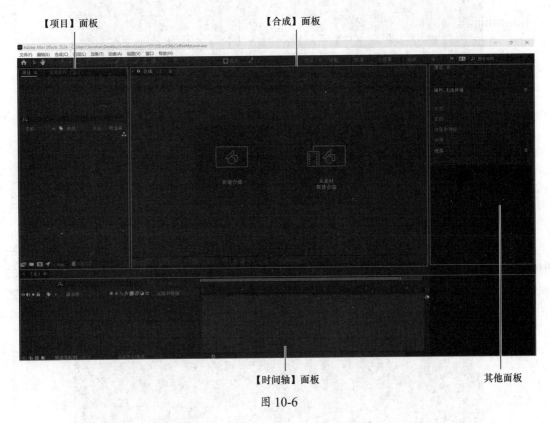

图 10-6

以下是几个常用面板。

· **【项目】面板：**该面板中包含所有导入的素材、合成，以及其他项目资源。【效果控件】面板和【项目】面板在同一个面板组中，应用效果后，【效果控件】面板也会打开。

· **【合成】面板：**在【合成】面板中，您不仅能预览合成的整体效果，还能直接对合成的资源进行实时操控和调整，有助于提高编辑效率。

· **【时间轴】面板：**把一个素材加入合成后，该素材就会以图层的形式出现在【时间轴】面板中，每个素材各占一个图层，多个图层堆叠在一起形成整个合成。在【时间轴】面板中，您还可以展开某个图层的所有属性，并进行修改属性、添加关键帧等操作。

除了上述几个面板外，【效果和预设】【字符】【段落】3 个面板的使用频率也比较高，这些面板堆叠在用户界面右侧，单击面板的名称，即可展开对应的面板。

10.3.3　新建合成

前面创建并保存好了项目，下面该在项目中创建合成了。

❶ 由于尚未创建任何合成，因此【合成】面板会显示【新建合成】和【从素材新建合成】两个按钮，提示您创建合成。单击【新建合成】按钮，如图 10-7 所示。

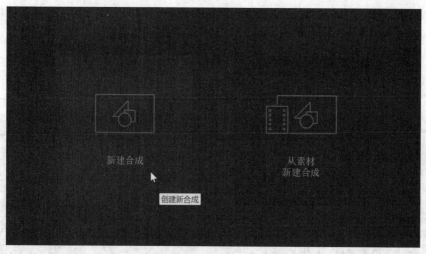

图 10-7

此时，弹出【合成设置】对话框。

❷ 在【合成设置】对话框中，您可以设定新合成的各个属性，比如名称、尺寸、帧速率、持续时间等。在【合成名称】文本框中输入"Main"，设置合成的尺寸为 1280px×720px，勾选【锁定长宽比为 16:9(1.78)】复选框，设置【帧速率】为 30 帧 / 秒，设置【持续时间】为 0:00:10:00，如图 10-8 所示，单击【确定】按钮，创建合成。

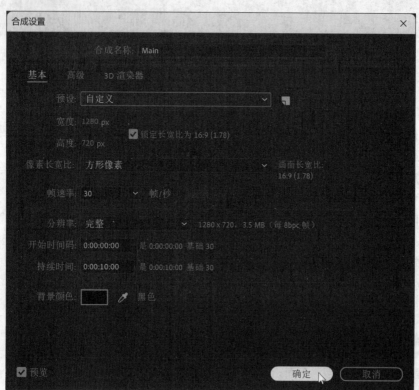

图 10-8

此时，After Effects 基于上面设定的属性新建一个合成。新建的合成会在【合成】面板和【时间轴】面板中同时打开，并且自动添加到【项目】面板中。

❸ 在【项目】面板中，单击 Main 合成，在预览区域
查看合成的属性，如图 10-9 所示。

> 💡 **注意** 在 After Effects 中通常需要先为合成设定好持
> 续时间，这一点与 Premiere Pro 中的序列不同，后者的持
> 续时间由时间轴中的内容决定。

图 10-9

10.3.4　从 Illustrator 文件创建合成

前面我们创建了 Main 合成，但目前它还是个空合成，里面不包含任何内容。

事实上，在导入视频、图像、音频等素材到 After Effects 项目中时，我们可以让 After Effects 基于
所选素材自动创建合成，从而简化流程，大大提高工作效率。

在 Lessons\Lesson10\10Start 文件夹下找到名为 coffee.ai 的 Adobe Illustrator 文件。在 Adobe
Illustrator 中打开 coffee.ai 文件，其中包含的画板的尺寸为 1280 像素 ×720 像素，画板中安排好了各
种图稿，如图 10-10 所示。

图 10-10

除了画面中的各个视觉元素之外，还要特别关
注文件的【图层】面板。【图层】面板中包含【Book】
【Flower】【Background】3 个图层，如图 10-11 所示，
每个图层单独放着一个视觉元素。接下来，我们将在
After Effects 中分别使用这些图层来制作动态影像。

导入 After Effects 时，我们仍然希望这些元素保
持在不同图层上，以便分别制作动画。当然，如果
这些元素原本就位于同一个图层，那么在导入 After

图 10-11

Effects 后，它们也将保持在同一个图层上。

下面在 After Effects 中基于 coffee.ai 文件创建合成。

❶ 在 After Effects 中，从菜单栏中选择【文件】>【导入】>【文件】。

此时，弹出【导入文件】对话框。

❷ 在【导入文件】对话框中，打开 Lessons\Lesson10\10Start 文件夹，选择 coffee.ai 文件。在【导入为】下拉列表中选择【合成 - 保持图层大小】，勾选【创建合成】复选框，单击【导入】按钮，如图 10-12 所示。

图 10-12

此时，After Effects 根据您的设定导入 coffee.ai 文件，并转换成合成。

💡 提示　导入时选择【合成 - 保持图层大小】，这样导入完成后，每个图层的尺寸与其包含内容的大小是一致的。如果不选择该选项，则导入的每个图层都会包含大量不可见像素，以此确保每个图层的大小与画板大小相同。

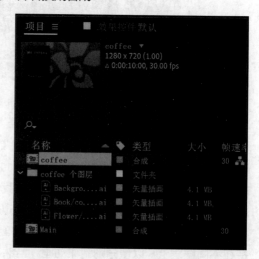

❸【项目】面板中有一个名为 coffee 的合成，该合成就是 After Effects 导入 coffee.ai 文件时新建的合成。选择 coffee 合成，如图 10-13 所示。

coffee 合成中包含 coffee.ai 文件的所有图层，且每个图层中都包含相应资源。名为"coffee 个图层"的文件夹中包含原 coffee.ai 文件的各个图层。

图 10-13

❹ 在【项目】面板中双击 coffee 合成。

此时，coffee 合成同时在【时间轴】面板和【合成】面板中打开，如图 10-14 所示。

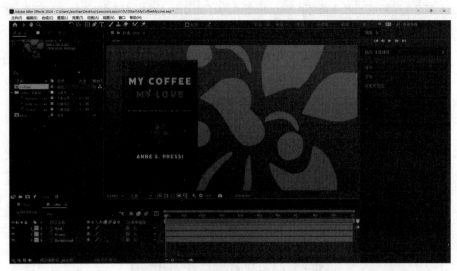

图 10-14

空白的 Main 合成仍然存在，在【时间轴】面板顶部选择某个合成的名称，可打开对应合成，如图 10-15 所示。

图 10-15

修改合成设置

合成创建出来后，您可以根据实际需要随时修改合成的各项设置。

在【项目】面板中选择某个合成，然后在菜单栏中选择【合成】>【合成设置】，打开【合成设置】对话框。

此时打开的【合成设置】对话框与创建合成时弹出的对话框完全一样，您可以在其中修改合成的各项设置，比如合成大小、帧速率、持续时间等。

10.3.5 嵌套合成

After Effects 支持合成嵌套，即允许您把一个合成放入另一个合成，从而创造出更加复杂且引人入胜的动态效果。合成嵌套有诸多优点，比如它允许您把复杂效果分解成多个简单效果分别进行制作，极大地提高了工作效率；同时，合成嵌套还有助于组织和管理大量图层，使工作流程更加清晰、顺畅。

下面把 coffee 合成嵌套进 Main 合成。

❶ 在【项目】面板中双击 Main 合成，或者在【时间轴】面板顶部选择 Main，打开 Main 合成，如图 10-16 所示。

图 10-16

当前，Main 合成是空的。

❷ 从【项目】面板把 coffee 合成拖到 Main 合成的【时间轴】面板中，如图 10-17 所示，释放鼠标。

图 10-17

此时，coffee 合成作为一个图层出现在 Main 合成的【时间轴】面板中。

❸ 在 Main 合成的【时间轴】面板中，拖动播放滑块，可以看到 coffee 合成已经非常完美地融入 Main 合成，如图 10-18 所示。

图 10-18

即使 coffee 合成内部没有运动效果，我们也能在 Main 合成的【时间轴】面板中轻松、自如地操纵 coffee 合成。

10.4　添加元素与制作动画

前面已经创建好两个合成并做了嵌套，下面往合成中添加各种元素，并制作有趣的动画。

10.4.1　添加文本元素

当前 coffee 合成已经包含了若干视觉元素。下面为其添加一些文本元素。

❶ 若当前在 Main 合成下，请在【时间轴】面板顶部选择 coffee，打开 coffee 合成。

❷ 在用户界面顶部选择【横排文字工具】（🅣），在【合成】面板中，在图书右侧的空白区域拖曳出一个文本框，如图 10-19 所示。

当前，文本框处于激活状态，其大小不重要，后续可根据需要进行调整。

❸ 在文本框中输入"MY COFFEE MY LOVE"，按 Return（macOS）或 Enter（Windows）键换行，输入"A Tale of Ground Beans and Broken Hearts"，如图 10-20 所示。

图 10-19　　　　　　　　　　　　　　　　　图 10-20

这两行文本分别是当前所宣传图书的标题和副标题，它们包含在同一个文本框中。

❹ 在【时间轴】面板中，单击空白区域，取消选择文本图层。在【合成】面板中，使用【横排文字工具】（🅣）在当前文本框下方拖曳出另外一个文本框，如图 10-21 所示。

同样，文本框的具体位置和大小不重要，以后调整即可。

❺ 在文本框中输入"Available November 1"，如图 10-22 所示。

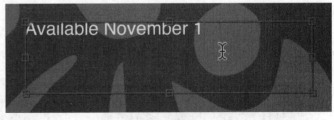

图 10-21　　　　　　　　　　　　　　　　　图 10-22

❻ 在【时间轴】面板中，单击空白区域，取消选择文本图层。

10.4.2　修改文本属性

下面调整每行文本的字符和段落属性。

❶ 使用【横排文字工具】选中第 1 个文本框中的第 1 行文本——MY COFFEE MY LOVE，如图 10-23 所示。

此时，第 1 个文本框中的第 2 行文本处于非选中状态。

❷ 在用户界面找到并展开【字符】面板。在【字符】面板中，设置字体为【Europa】、字体样式为【Bold】、字体大小为 71 像素、字体颜色为浅灰色（#EBEBEB），如图 10-24 所示。

图 10-23

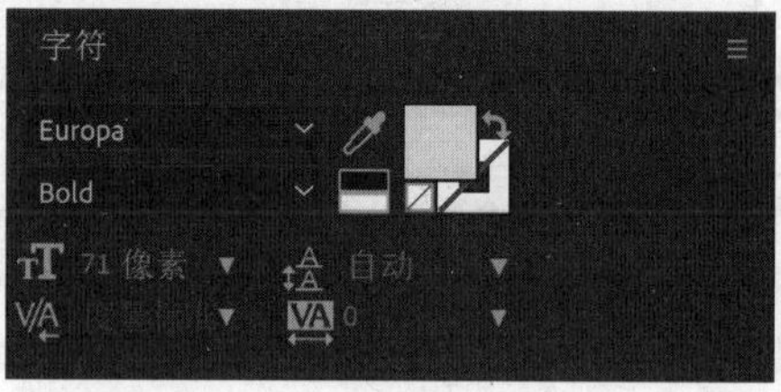

图 10-24

此时，标题文字变得又大又粗。

❸ 使用【横排文字工具】选中第 1 个文本框中的第 2 行文本——A Tale of Ground Beans and Broken Hearts，如图 10-25 所示。

此时，第 1 个文本框中的第 1 行文本处于非选中状态。

❹ 在【字符】面板中，设置字体为【Europa-Light】、字体大小为 35 像素、字体颜色为浅灰色（#EBEBEB），如图 10-26 所示。

图 10-25

图 10-26

❺ 在第 2 行文本仍处于选中状态时，打开【段落】面板，单击【居中对齐文本】按钮，设置【段前添加空格】为 38 像素，如图 10-27 所示。

❻ 选择第 1 行文本，在【段落】面板中，单击【居中对齐文本】按钮。

❼ 在【时间轴】面板中，单击空白区域，取消选择文本图层。

❽ 选择第 2 个文本框中的所有文本。在【字符】面板中，设置字体为【Europa】、字体样式为【Regular】、字体大小为 54 像素、字体颜色为浅灰色（#EBEBEB），如图 10-28 所示。

图 10-27

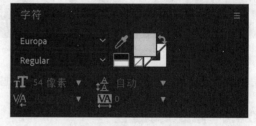

图 10-28

❾ 在【段落】面板中，单击【居中对齐文本】按钮。按 Esc 键，退出文本编辑模式，如图 10-29 所示。

图 10-29

文本宽度和位置

设置好文本的字符和段落属性后，需要在【合成】面板中调整文本宽度及文本在画面中的位置，以确保符合设计要求。

以下是一些常用工具和方法。

- **选取工具：**使用【选取工具】（ ▶ ）在【合成】面板中拖曳文本，可调整文本在画面中的位置。使用【选取工具】单击文本后，文本周围会出现一圈缩放控制点，拖动某个缩放控制点，可以沿着相应方向缩放文本。

- **横排文字工具：**使用【横排文字工具】单击文本，会显示出文本框及控制点，拖动控制点，可自由地调整文本框的大小。当文本框宽度小于文本宽度时，文本会自动换行。

图 10-30

- **【对齐】面板：**在合成中同时选择多个元素，从菜单栏中选择【窗口】>【对齐】，打开【对齐】面板，如图 10-30 所示，使用其中的各个对齐选项，可轻松将元素彼此对齐或者与合成对齐。

- **网格和参考线：**【合成】面板底部有一系列网格和参考线选项，如图 10-31 所示。使用这些选项可以启用不同的参考线和网格，辅助我们精确地放置元素，设计出完美的效果。

调整文本的宽度和位置时，无论您选用哪些工具，After Effects 都能提供相应的便利功能，帮助您快速完成任务。

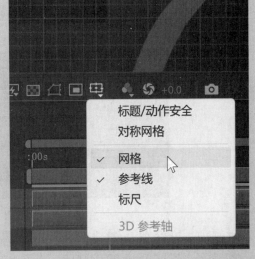

图 10-31

10.4.3 为标题文本制作动画

下面应用关键帧和缓动技术为标题文本制作动画，使其以优雅、自然的方式在画面中缓缓展现出来。

❶ 移动播放滑块至 0:00:03:00 处，在【时间轴】面板中，沿着时间轴向右拖动标题文本图层，使其起点位于 0:00:03:00 处，如图 10-32 所示。

图 10-32

这样，标题从第 3 秒才开始显示。

❷ 单击标题文本图层左侧的小箭头（▶），展开图层属性，再单击【变换】左侧的小箭头（▶），展开【变换】属性，如图 10-33 所示。

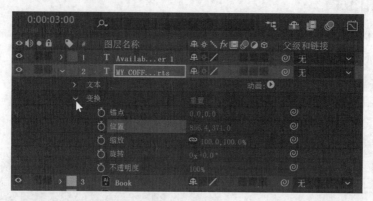

图 10-33

几乎每个视觉元素都具有【变换】属性，包括【位置】【缩放】【旋转】【不透明度】等。

❸ 每个属性左侧都有一个秒表图标（⊙），单击该图标，可在当前时间点为该属性添加一个关键帧。通过为同一个属性添加多个关键帧，可让该属性随时间变化，从而形成动画。这里，单击【位置】【不透明度】左侧的秒表图标，如图 10-34 所示。

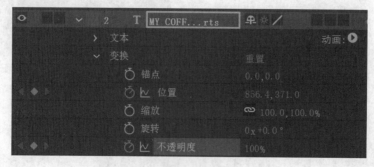

图 10-34

此时，After Effects 自动在时间轴上给【位置】【不透明度】属性分别添加一个关键帧（◆）。

❹ 移动播放滑块至 0:00:04:00 处，分别单击【位置】【不透明度】左侧的【在当前时间添加或移除关键帧】按钮（◆），如图 10-35 所示。

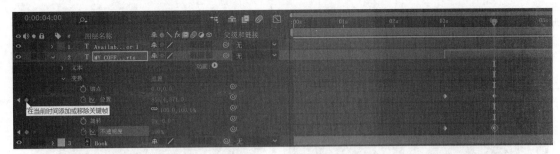

图 10-35

此时，After Effects 自动在 0:00:04:00 处给两个属性添加关键帧。关键帧记录着属性在某个时间点的值。下面修改关键帧记录的属性值，以形成动画。

❺ 修改初始关键帧的属性值。单击秒表左侧的【转到上一个关键帧】按钮（◀），转到 0:00:03:00 处的关键帧，把【位置】属性中的 y 坐标修改为 300.0、【不透明度】修改为 0%，如图 10-36 所示。

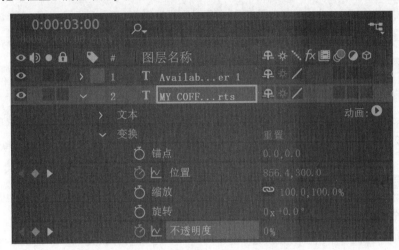

图 10-36

这样，标题文本就有了动画，标题自上而下运动，逐渐显现出来。

> 💡 **注意** 若在时间轴顶部看到一条绿色线条，则表示 After Effects 已将动画计算完毕并放入缓存，您可以实时播放动画。如果看到的不是绿色线条，则说明 After Effects 正在进行计算，稍等片刻，待其计算完成后就能流畅播放。

向文本动画添加缓动效果

播放合成时，第 3 秒之前的画面是静止的，没有任何变化，从第 3 秒开始标题文本慢慢移动至目标位置，同时逐渐显现出来。当前标题文本的动画效果已经很不错了，如果再加上缓动效果，动画将会变得更加流畅、自然。

下面给标题文本添加缓动效果。

❶ 选择【选取工具】（▶），在【时间轴】面板中，选中 4 个关键帧，如图 10-37 所示。

同时选中 4 个关键帧后，它们以蓝色高亮显示。

❷ 从菜单栏中选择【动画】>【关键帧辅助】>【缓动】。

此时，4 个关键帧的图标外形发生了变化，如图 10-38 所示，表示已经应用了缓动效果。

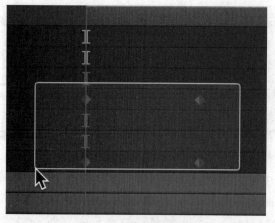

图 10-37

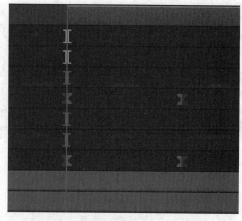

图 10-38

> 💡 **注意** 应用缓动效果后，文本运动效果表现为：开始时缓慢启动，然后逐渐加速，再缓慢减速至停止。整个变化过程自然、流畅。

❸ 折叠图层属性，按空格键，播放动画。观看动画，您会发现应用缓动效果后，动画看起来更加平滑、自然。

> 💡 **注意** After Effects 中有多种缓动效果。【时间轴】面板顶部有一个【图表编辑器】按钮（▣），单击它，打开【图表编辑器】，在其中您可以尝试应用其他缓动效果。

10.4.4 为图书发布日期制作动画

下面给另外一行文本（图书发布日期）添加与标题文本类似的动画。

❶ 在【时间轴】面板中，移动播放滑块至 0:00:04:15 处。向右拖动【Available November 1】图层，使其起点位于 0:00:04:15 处，如图 10-39 所示。

图 10-39

❷ 单击【Available November 1】图层左侧的小箭头（▶），展开图层属性。再单击【变换】左侧的小箭头（▶），展开【变换】属性。

❸ 单击【不透明度】左侧的秒表图标（▣），设置【不透明度】为 0%，如图 10-40 所示。

这样一来，刚开始图书发布日期文本是透明的，在画面中不可见。

❹ 移动播放滑块至 0:00:05:15 处，设置【不透明度】为 70%，如图 10-41 所示。

此时，After Effects 在当前位置自动添加一个关键帧。

❺ 同时选中两个关键帧，从菜单栏中选择【动画】>【关键帧辅助】>【缓动】。

❻ 折叠图层属性，按空格键，播放动画。

图 10-40

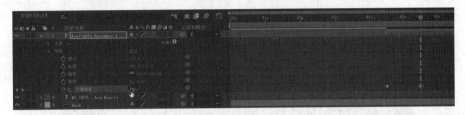

图 10-41

当标题文本动画结束后，图书发布日期文本开始显现，两个文本动画都带有淡入效果，相互映衬。

10.4.5 制作花朵动画

前面给两个文本制作好了动画，下面给从 Illustrator 文件中导入的视觉元素制作动画。当前画面中，除文本元素外，其他元素都是静止不动的，包括背景花朵和图书图片。

给花朵添加动画，让它动起来。

❶ 在【时间轴】面板中，移动播放滑块至 0:00:00:00 处，展开【Flower】图层的【变换】属性，如图 10-42 所示。

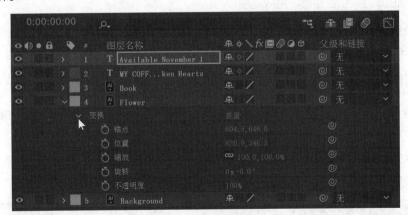

图 10-42

❷ 单击【缩放】【不透明度】左侧的秒表图标（■）。【缩放】属性有两个值，分别是水平缩放值和垂直缩放值。我们希望同时沿水平方向和垂直方向缩放花朵，因此需要打开【约束比例】开关（■）。设置【缩放】为 120.0%,120.0%，设置【不透明度】为 0%，如图 10-43 所示。

图 10-43

❸ 在【时间轴】面板中,移动播放滑块至 0:00:09:29 处,即时间轴的末尾。设置【缩放】为 100.0%,100.0%,设置【不透明度】为 45%,如图 10-44 所示。

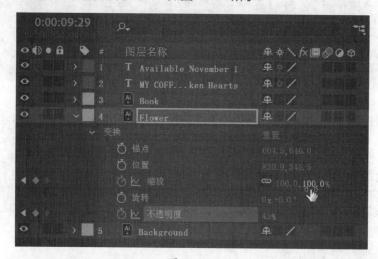

图 10-44

花朵动画在整个合成的持续时间内一直存在。

❹ 折叠图层属性,按空格键,播放动画。

动画播放过程中,花朵的不透明度逐渐增大,花朵慢慢显现出来,同时缩放比例在减小,花朵逐渐变小,整个变化过程自然、流畅。

10.4.6 制作图书进入动画

下面给图书制作动画:动画开始,图书自画面右侧逐渐滑入画面,然后自右向左缓缓移动到最后位置。

❶ 在【时间轴】面板中,移动播放滑块至 0:00:02:00 处。向右拖动【Book】图层,使其起点位于 0:00:02:00 处,如图 10-45 所示。

图 10-45

❷ 展开【Book】图层的【变换】属性，单击【位置】左侧的秒表图标（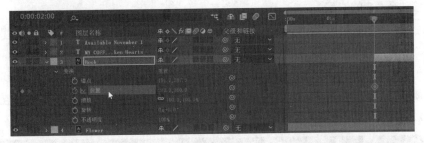），如图 10-46 所示。

图 10-46

此时，After Effects 在当前位置添加一个关键帧，记录当前【位置】属性的值。

💡提示　　【位置】属性值由 x 坐标与 y 坐标组成，默认两个值在一行显示，也可以分成两行显示。使用鼠标右键单击【位置】属性，从弹出的快捷菜单中选择【单独尺寸】，即可切换为两行显示。

❸ 移动播放滑块至 0:00:04:00 处，单击【位置】左侧的【在当前时间添加或移除关键帧】按钮（■），添加一个关键帧，如图 10-47 所示。

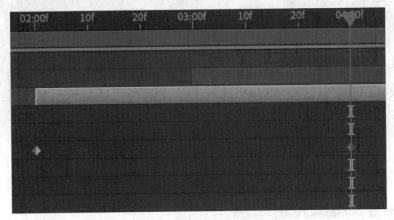

图 10-47

此时，After Effects 复制前一个关键帧并将其添加至当前位置。

❹ 修改初始关键帧的属性值，单击【位置】左侧的【转到上一个关键帧】按钮（◀），转到 0:00:02:00 处的关键帧。在【位置】属性中，把 x 坐标修改为 1530.0，如图 10-48 所示。

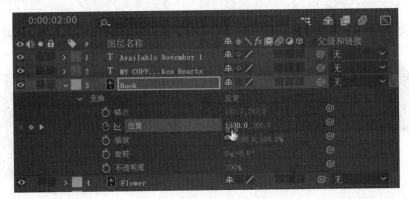

图 10-48

此时，图书移动至画面右边框之外。播放动画到第 2 秒时，图书开始自右向左缓缓移动，至第 4 秒时，完全移动至原来的位置。

❺ 同时选中两个关键帧，从菜单栏中选择【动画】>【关键帧辅助】>【缓动】，为图书移动应用缓动效果。

使用【位置】属性制作运动动画时，【合成】面板中会显示一条运动导引线，用于指示运动路径，如图 10-49 所示。运动导引线上的小点代表帧，应用缓动效果后，可以看到运动起始和结束区段的小点相对密集，中间区段的小点相对稀疏。

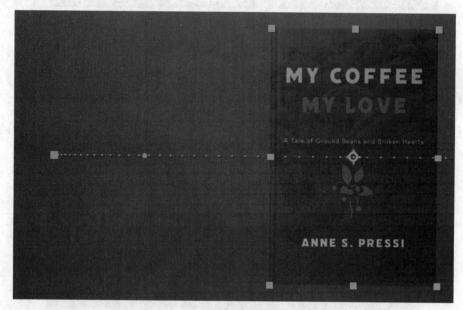

图 10-49

暂时不要折叠【Book】图层的属性，接下来还要做进一步处理。

10.4.7　转换为 3D 图层并制作动画

除了丰富的 2D 工具外，After Effects 还提供了强大的 3D 工具，进一步拓展用户的创作空间。下面通过给【Book】图层的【方向】属性添加关键帧来制作动画，并介绍一些有关 3D 操作的基础知识。

❶ 使用 3D 属性前，要把图层转换成 3D 图层。打开【Book】图层右侧的 3D 图层开关（▣），把【Book】图层转换成 3D 图层。

打开 3D 图层开关后，【Book】图层就转换成了 3D 图层，同时【变换】属性下新增了一系列 3D 属性，如图 10-50 所示。

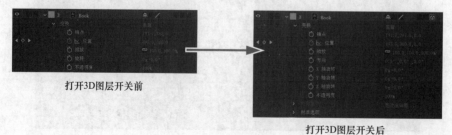

打开3D图层开关前　　　　　打开3D图层开关后

图 10-50

❷ 制作动画要使用【方向】属性。移动播放滑块至 0:00:03:14 处，单击【方向】左侧的秒表图标，如图 10-51 所示。

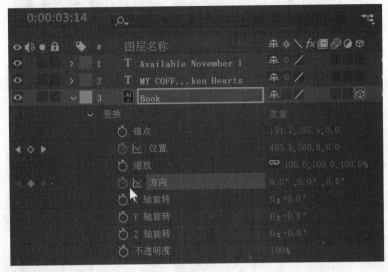

图 10-51

此时，After Effects 在当前位置给【方向】属性添加一个关键帧，其沿 x 轴、y 轴、z 轴的旋转角度都是 $0°$。

❸ 移动播放滑块至 0:00:02:00 处，图书从此时间点开始移动。在【方向】属性中，设置沿 x 轴的旋转角度为 $0.0°$、沿 y 轴的旋转角度为 $30.0°$、沿 z 轴的旋转角度为 $350.0°$，如图 10-52 所示。

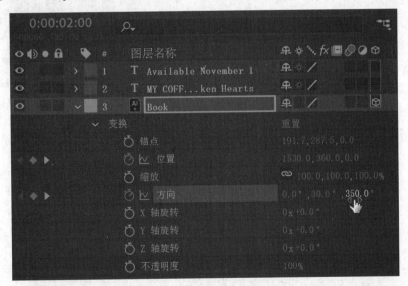

图 10-52

这样，图书从画面右侧缓缓滑入画面时会有略微抬起和旋转的效果，就像有一只手在轻轻推动一样。

❹ 折叠图层属性，按空格键，播放动画，如图 10-53 所示。

动画中，图书依旧是从画面右侧开始缓缓向左移动至原来的位置，但相比之前，图书的移动更加真实、自然，立体感也更加突出。

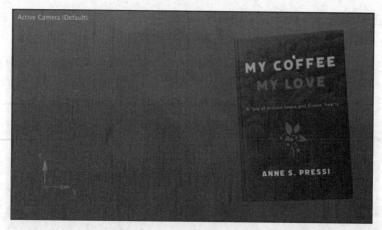

图 10-53

3D 空间

选择【Book】图层，打开 3D 图层开关，【Book】图层变为 3D 图层，同时图书图片上显示出 3D 变换控件，如图 10-54 所示。借助 3D 变换控件，您可以更直观、更轻松地调整图书图片各个维度的属性。

无论是操作 3D 变换控件，还是直接调整属性值，最终都能得到相同的调整效果。具体选择哪种方式，看个人的喜好和习惯。

您可能已经注意到了，当图书图片位于画面之外时，图片将变得不可见，只显示一个外框。此时，不论使用哪种方法，都不太容易精确操控图书图片。

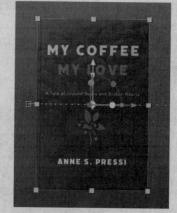

图 10-54

【合成】面板底部有一个【草图 3D】开关（ 草图3D），打开它，画面之外的 3D 图层内容会在扩展视口中显示出来，如图 10-55 所示。而且，启用【草图 3D】后，3D 图层内容的渲染速度会更快、更准确。

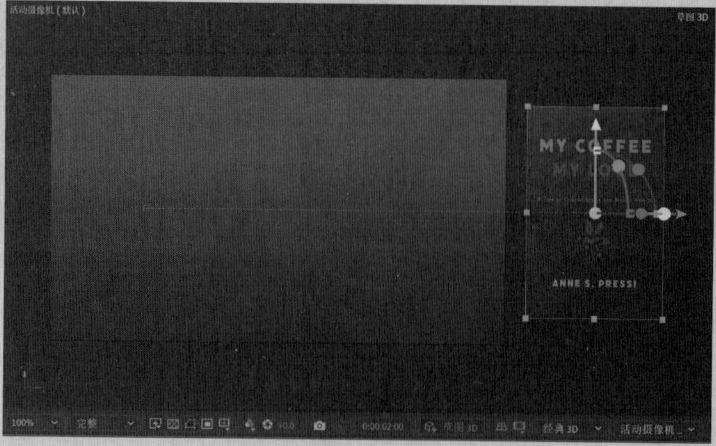

图 10-55

10.4.8　安排图层时间

沿着时间轴拖动播放滑块播放动画，您会发现一个问题：在图书图片移动到目标位置的过程中，标题文本动画启动过早，导致标题文本与图书图片重叠了。

为了解决这个问题，需要调整文本图层出现的时间点。

❶ 拖动播放滑块，找到一个确切时间点，确保图书图片不会与标题文本发生重叠。在【时间轴】面板中，移动播放滑块至 0:00:03:20 处，如图 10-56 所示。

图 10-56

❷ 主要文本（标题文本）与次要文本（发布时间）的时间点需要同时调整。按住 Shift 键，分别单击两个文本图层，将它们同时选中，然后向右拖动两个图层至播放滑块所在位置，如图 10-57 所示。

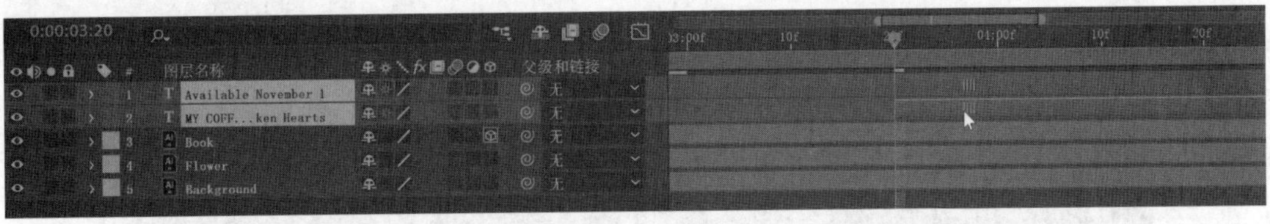

图 10-57

拖动时两个文本图层都处于选中状态，因此两个文本图层同时移动到了新位置。

❸ 播放动画，前面的问题已得到圆满解决，整体效果自然、流畅。值得注意的是，移动图层时并没有破坏之前设置的关键帧，这保证了动画的精确性和连贯性。

制作动画时，如何安排元素在时间轴上的时间点至关重要，每个使用 After Effects 的人都应该熟练掌握这一技巧。

10.5　为合成元素添加效果

前面制作动画的过程中，我们已经使用了 After Effects 的许多功能，但目前为止还未应用任何增强动画视觉表现力的效果。下面为合成元素添加一些效果，进一步增强动画的视觉表现力。

10.5.1　添加投影效果

添加投影效果，不仅可以增强元素之间的对比，还可以增强元素的真实感，使画面更加生动且富有层次感。

下面给合成中的图书图片添加投影效果，以增强其立体感和真实感。

❶ 在用户界面右侧区域选择【效果和预设】，如图 10-58 所示。

此时，【效果和预设】面板展开，其中包含丰富多样的效果和预设，它们井然有序地组织在一起，方便您快速浏览和选择。如果不熟悉这些效果和预设，仅仅依靠浏览各个文件夹来查找特定的效果，将是一项既烦琐又困难的工作。

图 10-58

❷ 为了解决上述问题，【效果和预设】面板专门提供了一个搜索框，使用它，您可以轻松找到所需效果，大大提高工作效率。在搜索框中输入"投影"，然后按 Return（macOS）或 Enter（Windows）键。

此时，【效果和预设】面板中将只列出【投影】这一个效果，如图 10-59 所示。

❸ 在【时间轴】面板中移动播放滑块至 0:00:09:29 处，此时所有画面元素都显示出来。拖曳【效果和预设】面板中的【投影】效果至合成画面中的图书图片上，当鼠标指针右下角出现一个小加号，并且图书图片高亮显示时，如图 10-60 所示，释放鼠标。

图 10-59

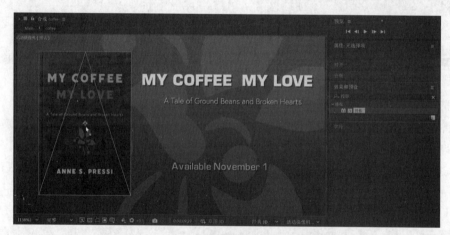

图 10-60

通过拖曳的方式应用效果有两种方法：一种是直接把效果拖曳至合成画面中的特定元素上，另一种是把效果拖曳至【时间轴】面板中元素所在图层上。其中后一种方法操作起来更准确。

❹ 把【投影】效果拖曳至【时间轴】面板中标题文本所在图层上，如图 10-61 所示。

图 10-61

为标题文本应用【投影】效果后，浅色文本与背景形成鲜明对比，文本具有较强的立体感。

为某个图层应用效果后，图层右侧会显示一个效果图标（fx）。

10.5.2 调整效果属性

给一个图层添加效果时，默认应用的是效果的默认设置。您可以根据实际需要轻松调整效果的属性。

❶ 应用效果后，执行以下操作均可以调整效果属性。

· 应用某个效果后，After Effects 会自动打开【效果控件】面板。若没有打开，请从菜单栏中选择【窗口】>【效果控件】，打开【效果控件】面板。

选择【Book】图层，【效果控件】面板中包含【投影】效果的各个控件，根据需要做相应的调整即可，如图 10-62 所示。

· 单击【Book】图层左侧的箭头（▶），展开【效果】>【投影】，显示出【投影】效果的各个控件，根据需要调整相应控件即可，如图 10-63 所示。

图 10-62

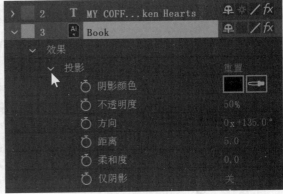

图 10-63

> ♀注意　每个效果都有自己特有的一组属性，不同效果的属性可能存在很大差异。

若同时添加了多个效果，则这些效果都会在【效果】选项组中显示出来。

> ♀提示　在【时间轴】面板中显示效果的各个属性，有助于快捷、精确地设置关键帧。

❷ 这里不会给【投影】效果制作动画，只是简单地调整一下其属性。在【效果控件】面板中，设置【距离】为 15.0、【柔和度】为 70.0，如图 10-64 所示。

【距离】指投影在【方向】上偏移的程度，【柔和度】指投影的模糊程度。

❸ 选择标题文本，在【效果控件】面板中，把【投影】的【不透明度】设置为 70%，如图 10-65 所示。其他属性均保持默认设置。

增加【不透明度】属性值，投影会更加显著、突出。

❹ 调整完成后，观察图书图片，发现其拥有了淡淡的阴影，显得更为立体，如图 10-66 所示。同时，标题文本也拥有了明显的阴影，与背景形成鲜明对比，立体感显著增强。

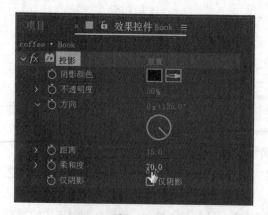

图 10-64

图 10-65

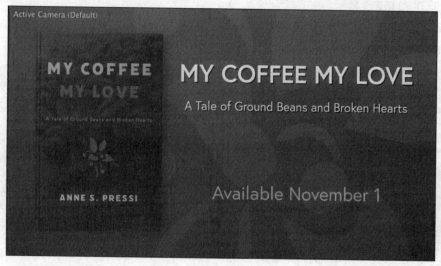

图 10-66

> 💡 **注意** 这里我们并没有给效果属性添加动画，但其实不管哪个属性，只要属性左侧有秒表图标，就可以为该属性制作关键帧动画。

10.5.3 制作动态噪点效果

下面添加动态噪点效果，使背景和花朵自然地融合在一起，形成独特的纹理效果。

添加动态噪点效果时，可以逐个图层添加，但这种操作方式相对烦琐，且工作量较大。相比逐个图层添加噪点，使用调整图层添加噪点更为轻松，也更有条理，并且能显著提高工作效率。

❶ 添加调整图层。在【时间轴】面板中，使用鼠标右键单击空白区域，从弹出的快捷菜单中选择【新建】>【调整图层】，如图 10-67 所示。

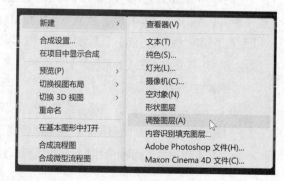

图 10-67

此时，After Effects 在【图层】面板顶层添加一个调整图层，该图层同时显示在【项目】面板中。

❷ 在【时间轴】面板中，把【[调整图层 1]】拖曳至【Book】图层与【Flower】图层之间，如图 10-68 所示。

图 10-68

由于【[调整图层 1]】只影响其下方图层，所以需要将其拖曳至【Flower】图层和【Background】图层之上，确保其只影响这两个图层。

❸ 在【效果和预设】面板的搜索框中输入"杂色"（即噪点），按 Return（macOS）或 Enter（Windows）键，找到【杂色】效果，如图 10-69 所示。

❹ 从【效果和预设】面板中把【杂色】效果拖曳至【时间轴】面板中的【[调整图层 1]】上，如图 10-70 所示。

❺ 确保【[调整图层 1]】当前处于选中状态。

图 10-69

在【效果控件】面板中，设置【杂色数量】为 20.0%，如图 10-71 所示，添加一些微小颗粒。

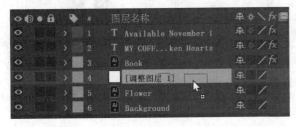

图 10-70

图 10-71

❻ 把播放滑块移动至开头，然后按空格键，预览动画，如图 10-72 所示。

虽然没有给杂色（噪点）效果添加关键帧，但在整个合成中噪点仍然呈现出动态效果。

💡 注意　如果您只希望调整图层影响合成中的几个图层，但这些图层下方还有其他图层，为避免影响其他图层，您可以将这几个图层预合成，形成一个新的合成。然后在新合成中添加调整图层，最后将整个新合成嵌入原始合成。

有些效果需要添加关键帧才能动起来。如果您需要控制效果的强弱，也可以通过添加关键帧来实现。

图 10-72

设计原则：多样性

在 After Effects 中处理合成时会用到许多不同的效果和技术。即使在两个视觉元素上应用了相同的投影效果，我们也会分别调整某些属性，使视觉元素呈现不同的外观。

之所以这样做，是因为要保持视觉元素的多样性。"多样性"是一条很重要的设计原则。

在同一个合成或画布中表现多样性的方式有很多，如设置不同的颜色、数值、纹理、形状、效果等，如图 10-73 所示，综合运用这些方式能够创造出丰富多样的视觉效果。多样性和统一性看似是两个对立的设计原则，但实际上它们可以巧妙地结合在一起使用。

设计中保持多样性固然重要，但在运用时务必注意分寸，避免滥用，否则会出现混乱。混乱是设计的大忌，它会破坏设计的整体美感与协调性，应该竭力避免。

图 10-73

10.5.4 为 coffee 合成添加效果

调整图层应用广泛，不仅可以用来给一组图层添加效果，还可以用来给整个合成添加效果。但除了使用调整图层添加效果外，还有其他更简洁的方法。

回想一下，在项目创建之初，我们首先创建了一个名为 Main 的空合成。然后，把一个名为 coffee 的合成嵌入 Main 合成，接着我们就一直在 coffee 合成中做各种处理工作。

coffee 合成嵌入 Main 合成之后，自动变成 Main 合成的一个图层，您可以像处理其他图层一样，对它做各种处理，比如添加效果。

下面给 coffee 合成添加开场和结尾效果。

❶ 在【时间轴】面板中选择 Main，切换到 Main 合成，如图 10-74 所示。

❷ 在【效果和预设】面板的搜索框中输入"Vignette"，按 Return（macOS）或 Enter（Windows）键，找到【CC Vignette】效果，如图 10-75 所示。

图 10-74 　　　　　　　　　　　　　　　　　　图 10-75

【CC Vignette】位于【风格化】效果组中，用于压暗画面的边角，类似于 Lightroom 或 Photoshop 中的暗角效果。

> 💡注意　在摄影或摄像中，"暗角"指照片的边缘或四角出现的逐渐向外扩展的扇形暗淡区域，通常由镜头的光学特性造成。在数字艺术创作中，暗角也可以作为一种创意性的艺术效果，用来增强画面的表现力和感染力。

❸ 从【效果和预设】面板中把【CC Vignette】效果拖曳至【时间轴】面板中的【coffee】图层上，如图 10-76 所示。

❹ 移动播放滑块至 0:00:00:00 处，展开【coffee】

图 10-76

图层的属性，在【效果】下找到【CC Vignette】效果，将其展开。单击【Amount】左侧的秒表图标，添加一个关键帧，如图 10-77 所示。

图 10-77

0:00:00:00 处出现一个关键帧，对应的【Amount】为 100.0。此时的暗角效果最强烈。

❺ 移动播放滑块至 0:00:02:00 处，设置【Amount】为 40.0，如图 10-78 所示。

图 10-78

这样，前 2 秒内，暗角效果由强逐渐变弱，为图书图片或文本元素的"登场"做了很好的铺垫，使整体效果更加引人入胜。

❻ 在【效果和预设】面板顶部的搜索框中输入"burn"，按 Return（macOS）或 Enter（Windows）键，找到【CC Burn Film】效果，如图 10-79 所示。

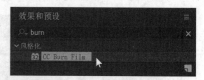

图 10-79

【CC Burn Film】效果可使整个画面出现灼烧痕迹，就像胶片在放映机中放置时间过长，被放映机灯泡的热量融化和灼烧的效果一样。

❼ 移动播放滑块至 0:00:08:00 处，从【效果和预设】面板中把【CC Burn Film】效果拖曳至【时间轴】面板中的【coffee】图层上，如图 10-80 所示。

图 10-80

画面中所有元素停止运动后，紧接着出现一段灼烧动画，作为整个动画的收尾。

❽ 在【coffee】图层下，找到并展开【CC Burn Film】效果，单击【Burn】左侧的秒表图标，如图 10-81 所示。

图 10-81

此时，After Effects 在第 8 秒处插入一个关键帧，其对应的【Burn】为 0.0。这样，在第 8 秒处，画面中未出现任何灼烧效果。

❾ 移动播放滑块至 0:00:09:00 处，设置【Burn】为 100.0，如图 10-82 所示。

图 10-82

从第 8 秒到第 9 秒，【CC Burn Film】效果从无逐渐增至最强，灼烧效果不断加剧，直至画面全黑，形成一个极具戏剧性的结尾。

⑩ 播放整个 Main 合成，仔细检查应用到 coffee 合成上的两个效果是否正常，如图 10-83 所示。

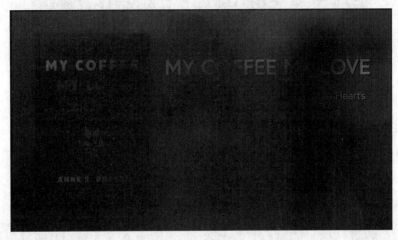

图 10-83

可以看出，整个动画十分流畅，首先是一段暗角由强变弱的开场动画，紧接着图书图片和标题文字逐渐浮现在画面中，最后是一段灼烧动画。至此，整个项目就制作完成了。

10.5.5　发布作品

整个作品制作完毕后，需要将其渲染成视频文件，才能发布出去，供人欣赏。

下面渲染 Main 合成。

❶ 在 Main 合成处于选中状态时，从菜单栏中选择【合成】▷【添加到 Adobe Media Encoder 队列】，如图 10-84 所示。

合成(C)	图层(L)	效果(T)	动画(A)	视图(V)	窗口	帮助(H)
新建合成(C)...						Ctrl+N
合成设置(T)...						Ctrl+K
设置海报时间(E)						
将合成裁剪到工作区(W)						Ctrl+Shift+X
裁剪合成到目标区域(I)						
添加到 Adobe Media Encoder 队列...						Ctrl+Alt+M
添加到渲染队列(A)						Ctrl+M
添加输出模块(D)						

图 10-84

此时，Adobe Media Encoder 启动。

> ♀提示　若 Adobe Media Encoder 未启动，请尝试手动启动它，然后再次执行【添加到 Adobe Media Encoder 队列】命令。此外，请确保 Adobe Media Encoder 与 After Effects 的版本相兼容。

❷ 在 Adobe Media Encoder 中，Main 合成显示在【队列】面板中。在【队列】面板中做以下设置，如图 10-85 所示。

- **格式：** H.264。
- **预设：** YouTube 720p HD。
- **输出文件：** 指定保存位置和文件名。

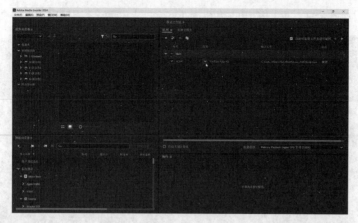

图 10-85

> **注意** Adobe Media Encoder 提供了许多格式和预设供您选择。这里选择【H.264】格式，因为它是一种应用广泛的格式。

❸ 单击用户界面右上方的【启动队列】按钮（▶），Adobe Media Encoder 根据您的设置启动渲染，如图 10-86 所示。

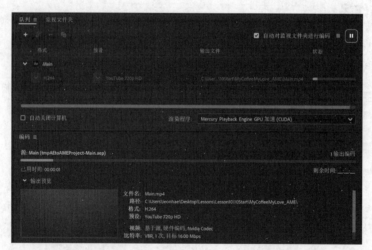

图 10-86

此时，【编码】面板中出现渲染进度条，同时还提供了渲染视频的预览。

❹ 渲染完成后，前往指定位置找到视频文件，播放视频，仔细检查，确保一切正常。

> **注意** 您还可以使用【合成】>【添加到渲染队列】命令渲染合成，虽然这样得到的视频不太适合对外发布，但您可以把它作为素材，应用到其他项目中。

10.6　复习题

❶ 为了在 After Effects 中给 Illustrator 文件的不同图层分别制作动画，制作 Illustrator 文件时需要注意什么？

❷ 为图层属性制作动画时，应该怎么做？

❸ 缓动效果有什么用？

❹ 如何激活图层的 3D 属性？

❺ 如何为合成中的图层应用效果？

10.7　复习题答案

❶ 制作 Illustrator 文件时，请确保 Illustrator 文件拥有清晰、明确的图层，因为在将其导入 After Effects 时，Illustrator 文件中的图层会转换成合成中的图层。

❷ 在图层下找到目标属性后，单击属性左侧的秒表图标开始记录关键帧，然后移动播放滑块到不同时间点，添加多个关键帧，以此制作关键帧动画。

❸ 添加缓动效果能够改变对象的运动状态，让其在开始时缓慢启动，中间阶段速度加快，快结束时又慢慢减速，得到自然、真实的运动效果。

❹ 首先选中图层，然后在图层名称的右侧打开 3D 图层开关。

❺ 为合成中的图层应用效果有两种方法：一种是从【效果和预设】面板中把效果拖曳至【时间轴】面板中的图层上，另一种是把效果直接拖曳至【合成】面板中的目标对象上。

使用 Animate 制作交互内容

课程概览

本课主要讲解以下内容。

- 使用 Adobe Animate 制作跨平台动画。
- 把位图图像导入舞台。
- 绘制和操作矢量图形。
- 创建补间形状并应用缓动效果。

- 运动设计原则。
- 帧、关键帧和空白关键帧。
- 使用动作向导制作交互内容。
- 发布项目与导出动画。

学习本课大约需要 2 小时

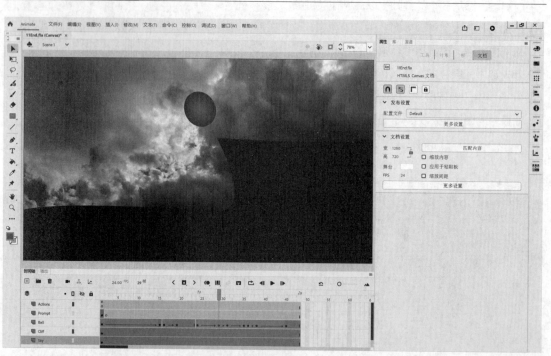

  Animate 是一款功能强大的软件，专门用于制作动画、动态视觉效果、互动内容以及游戏等，主要服务于电视、网络浏览器和移动设备等平台。值得一提的是，结合本地网络技术以及虚拟现实技术，使用 Animate 能够轻松制作出令人耳目一新的动态内容。

11.1 课前准备

首先浏览一下成品，了解本课要做什么。

❶ 进入 Lessons\Lesson11\11End 文件夹，双击 11End.fla 文件，将其在 Animate 中打开。

❷ 从菜单栏中选择【控制】>【测试影片】>【在浏览器中】，启动您的默认浏览器，运行交互动画，如图 11-1 所示。

图 11-1

❸ 单击动画画面，播放动画。

整个动画很简单：一个圆球滚落至悬崖下，落到地面上后弹走。本课一起学习如何在 Animate 中设计和整合相关资源，并灵活运用 Aimate 提供的各种工具让这些资源"活"起来，最终创建出引人入胜的交互内容。

❹ 关闭项目文件。

11.2 Animate 简介

Animate 是一款专业的动画制作软件，常用于制作跨平台动画、动态影像、互动内容以及游戏等，功能强大且操作便捷。Animate 在多个行业得到了广泛的应用，但最引人瞩目的还是用来制作电视和网络内容。不仅如此，您还可以使用 Animate 设计和开发游戏、App 等，轻松制作出生动、有趣的互动内容。

相比 Character Animator，Animate 支持的平台更多样、动画类型更丰富，为用户提供了更加全面、灵活的动画制作方案。与 Character Animator 不同的是 Animate 不支持实时表演捕捉。

Animate 的设计初衷就是为用户提供跨平台的动画制作方案，支持将动画以多种不同平台的兼容格式导出，相较于 After Effects，Animate 支持的平台更加全面。Animate 还支持为内容添加交互性，在制作具有强大交互性的交互展示、应用程序、游戏等内容时，其表现尤为出色。

不同的 Adobe 应用程序既有相似之处，又各自拥有一些独特的特点和优势。只有深入了解 Animate 的特点和优势，并在实践中加以运用，才能真正发挥出 Animate 的强大威力。

Animate 文档类型

Animate 支持多种文档类型，有些是原生文档类型，有些是扩展文档类型，可以满足用户多样化的需求。具体选择哪种文档类型取决于您要创建什么样的项目。以下是 Animate 所支持的一些常见文档类型，它们分别拥有不同的特点和用途。

· HTML5 Canvas 文档：该类型文档允许用户使用 <canvas>（一个 HTML5 元素）和 JavaScript 创建交互内容，这些内容可在任何支持 HTML5 Canvas 的设备或浏览器中运行。

· ActionScript 3.0 文档：Animate 原生文档，常用于制作非交互式动画。这种类型的文档不仅可以轻松渲染成高清视频，还可以直接导入 After Effects 中作为合成素材，使用起来相当便捷。

· AIR：由 Adobe 公司的合作伙伴 HARMAN 公司负责维护。AIR 用于创建跨桌面和移动平台的应用程序和游戏，支持 Windows、macOS、iOS、Android 等。

· WebGL glTF(beta)：该类型文档支持 WebGL GPU 加速技术，允许用户创建基于标准或扩展 glTF 的 Web GL 动画，以本地浏览器为运行环境。

· VR(beta)：该类型文档允许用户使用 WebGL 技术创建用于 Web 的全景虚拟现实动画或360° 虚拟现实动画。

> ♀ **提示** 通过安装第三方扩展，Animate 能够支持更多文档类型。例如通过扩展，Animate 允许把制作好的动画以 LottieFiles 格式导出，使您的作品能轻松分享到不同平台。

启动 Animate

如果您从未使用过 Animate，首次启动 Animate 时，Animate 会询问您是不是初次使用 Animate，如图 11-2 所示。Animate 会根据您的回答，确定用户界面的显示方式以及面板的排列方式。

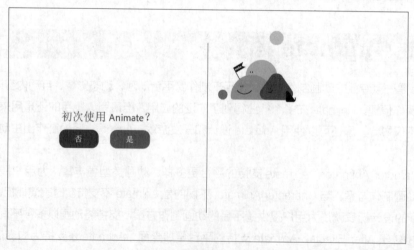

图 11-2

即使您之前已经做过选择，也不用担心。新建项目文件后，我们会告知大家如何设置用户界面，以确保您看到的用户界面和本课中的截图完全一致。

就像打开 Photoshop 和 Illustrator 等其他 Creative Cloud 应用程序一样，启动 Animate 后，首先看到的是【主页】界面，如图 11-3 所示。

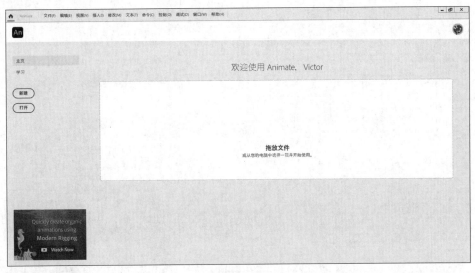

图 11-3

在【主页】界面中，单击【新建】按钮，可基于预设或自定义属性新建项目；单击【打开】按钮，可打开已有项目；选择【学习】后，可以浏览丰富的教程，深入了解软件新增的各项功能。

11.3 新建项目与绘制图形

在 Animate 中新建一个文档，导入所需的位图图像，然后使用 Animate 提供的工具绘制矢量图形，为后续动画的制作做好准备。

11.3.1 新建文档

使用 Animate 制作项目时，不管什么项目，第一步都是确定项目的目标平台，然后根据目标平台创建新文档。

这里选择 HTML5 Canvas 平台，并在此基础上新建一个文档。

❶ 启动 Animate，在【主页】界面中单击【新建】按钮，如图 11-4 所示，打开【新建文档】对话框。

❷ 在【新建文档】对话框中，选择【高级】选项卡，在【平台】类别下，选择【HTML5 Canvas】。【详细信息】区域中的各个属性保持默认设置，单击【创建】按钮，如图 11-5 所示。

Animate 新建一个文档。

❸ 在菜单栏中选择【文件】>【保存】，在【另存为】对话框中，打开 Lessons\Lesson11\11Start 文件夹，在【文件名】文本框中输入文件名，单击【保存】按钮，如图 11-6 所示。

图 11-4

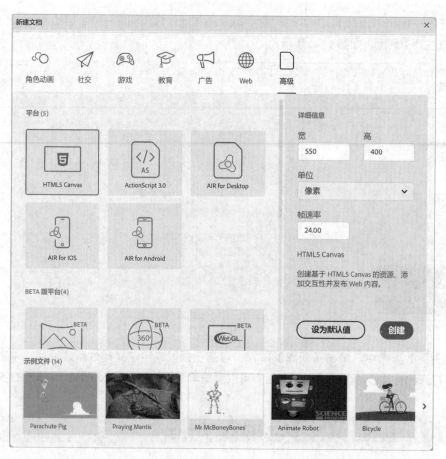

图 11-5

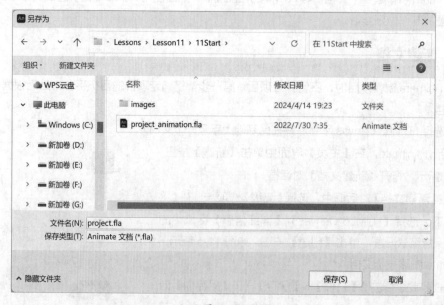

图 11-6

 此时，Animate 会把新建的文档（扩展名为 .fla）保存至您指定的位置，并且关闭【另存为】对话框。

11.3.2　Animate 用户界面

在 Animate 中成功新建文档后，将自动进入 Animate 用户界面，其中包含一些常用的面板和其他界面元素，这些元素在动画的整个制作过程中会一直存在。

为了帮助大家更好地了解 Animate 用户界面，图 11-7 中详细标出了 Animate 用户界面的主要组成元素。

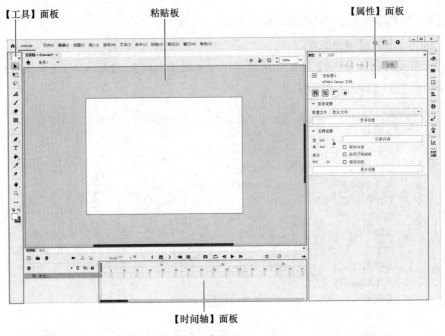

图 11-7

如前所言，首次启动 Animate 时，Animate 会询问您是不是初次使用 Animate，根据您给出的不同回答，打开的用户界面可能有所不同。无论您之前做出何种选择，都请您按照以下步骤重新设置一下，以确保您看到的用户界面和本课截图完全一致。

❶ 在菜单栏中选择【Animate】>【首选参数】>【专家首选参数】（macOS），或者在菜单栏中选择【编辑】>【首选参数】>【专家首选参数】（Windows）。

此时，Animate 会重新设置【工具】面板等元素，同时把工作区设置为【基本功能】工作区。

❷ 在【时间轴】面板的右上角，单击四道杠按钮（≡），打开面板菜单，从中选择【标准】，如图 11-8 所示。

这决定了帧在时间轴中的显示方式。

❸ 在菜单栏中选择【Animate】>【首选参数】>【编辑首选参数】（macOS），或者在菜单栏中选择【编辑】>【首选参数】>【编辑首选参数】（Windows），打开【首选参数】对话框，在【接口】中，把【颜

图 11-8

色主题】修改为【灯光】（浅色）。

用户界面的【颜色主题】可改可不改，但还是建议您改一下，这样可确保您看到的用户界面和本课截图完全一样。

11.3.3　导入位图图像

下面导入一张位图图像（多云的天空），使其位于其他图层之下，充当动画背景。

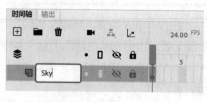
图 11-9

❶【时间轴】面板中默认有一个【图层_1】，将其名称修改成一个有意义的名字。双击图层名称，进入编辑状态，输入"Sky"，如图 11-9 所示。

❷ 在新图层名称外单击，或者按 Return（macOS）或 Enter（Windows）键，使修改生效。

❸ 把天空图片导入【Sky】图层。从菜单栏中选择【文件】>【导入】>【导入到舞台】，如图 11-10 所示，打开【导入】对话框。

| 文件(F) | 编辑(E) | 视图(V) | 插入(I) | 修改(M) | 文本(T) | 命令(C) | 控制(O) | 调试(D) | 窗 |

新建(N)...	Ctrl+N
从模板新建(N)...	Ctrl+Shift+N
打开	Ctrl+O
在 Bridge 中浏览	Ctrl+Alt+O
打开最近的文件(P)	>
关闭(C)	Ctrl+W
全部关闭	Ctrl+Alt+W
保存(S)	Ctrl+S
另存为(A)...	Ctrl+Shift+S
另存为模板(T)...
全部保存
还原(R)
导入(I)	>
导出(E)	>
转换为	>
发布设置(G)...	Ctrl+Shift+F12

导入(I) 子菜单：
| 导入到舞台(I)... | Ctrl+R |
| 导入到库(L)... |
| 打开外部库(O)... | Ctrl+Shift+O |
| 导入视频... |

图 11-10

❹ 转到 Lessons\Lesson11\11Start 文件夹下，选择 CloudySky.png 文件，单击【打开】按钮。

此时，CloudySky.png 图片就出现在了舞台中，如图 11-11 所示。可以发现，CloudySky.png 图片的尺寸太大，远远超出了舞台。

💡 注意　回想一下，前面创建文档时采用了默认尺寸，即宽度为 550 像素、高度为 400 像素。而 CloudySky.png 图片的尺寸为 1280 像素 ×720 像素，远大于文档尺寸。

❺ 根据天空图片尺寸调整舞台尺寸。在【属性】面板中，选择【文档】选项卡，在【文档设置】选项组中，单击【匹配内容】按钮，如图 11-12 所示。

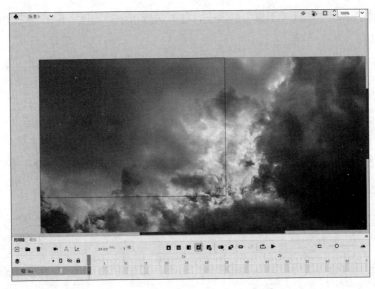

图 11-11

Animate 自动调整舞台尺寸，使其与天空图片尺寸完全一样。

⑥ 在文档窗口右上方，单击向下箭头（∨），从弹出的菜单中选择【符合窗口大小】，如图 11-13 所示。Animate 会根据当前视口大小自动调整舞台的缩放比例，确保整个舞台及其内容能够完整地显示出来。

图 11-12

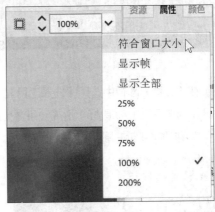

图 11-13

11.3.4 绘制悬崖

下面使用【矩形工具】在新图层中绘制悬崖。

❶ 在【时间轴】面板左上方，单击【新建图层】按钮（⊞），新建一个图层。

❷ 双击图层名称，进入编辑状态，将图层重命名为 Cliff，如图 11-14 所示。

此时，新建的图层处于选中状态。

❸ 在【工具】面板中选择【矩形工具】（▢）。

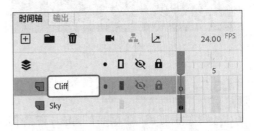

图 11-14

④ 在【属性】面板中选择【工具】选项卡，在该选项卡中设置图 11-15 所示的填充颜色和笔触颜色（描边颜色）。

图 11-15

⑤ 确保【对象绘制模式】（◉）处于关闭状态，在舞台底部拖动鼠标，创建一个矩形，代表地面，如图 11-16 所示。矩形高度由您自己决定。

> 💡 注意 激活【对象绘制模式】后，将无法在绘制形状时合并形状。Animate 会把所有形状放入绘制对象容器，方便统一管理和编辑。

⑥ 在舞台右下角拖动鼠标，绘制出另外一个矩形，如图 11-17 所示。两个矩形需要部分重叠，方便后续合并。

图 11-16

图 11-17

⑦ 在【工具】面板中选择【选择工具】，移动鼠标指针至悬崖左边缘，鼠标指针右下角出现一条小弧线时，向右下方拖动鼠标，形成一条漂亮的曲线，如图 11-18 所示。

⑧ 使用相同的方法调整悬崖顶部与地面，使其具有一定的坡度与倾斜度，如图 11-19 所示。

图 11-18

图 11-19

11.3.5 绘制圆球

悬崖绘制好了，下面绘制圆球，在整个动画中它是唯一运动的对象。

❶ 在【时间轴】面板左上方，单击【新建图层】按钮（▢），新建一个图层。

❷ 双击图层名称，进入编辑状态，将图层重命名为 Ball，如图 11-20 所示。

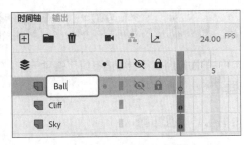

图 11-20

此时，新建的图层处于选中状态。

❸ 在【工具】面板中选择【椭圆工具】（◉）。

❹ 在【属性】面板中选择【工具】选项卡，在该选项卡中设置图 11-21 所示的填充颜色和笔触颜色。

❺ 按住 Shift 键，在悬崖顶部的右侧区域拖动鼠标，绘制一个直径约为 140 像素的圆形，如图 11-22 所示。

图 11-21

图 11-22

> ♀ 注意 使用【选择工具】选择圆形，可在【属性】面板的【对象】选项卡中调整圆形的大小和位置。

> ♀ 提示 使用【椭圆工具】绘制图形时，按住 Shift 键，可绘制圆形。类似地，使用【矩形工具】绘制图形时，按住 Shift 键，可绘制正方形。

当前圆形的渐变效果看起来还不错，但如果您不喜欢，也可以进一步调整。

❻ 从【工具】面板中选择【渐变变形工具】（▣），单击圆形，将其选中。

❼ 使用【渐变变形工具】向外拖曳缩放图标（◉），调整渐变的缩放比例，增加渐变中的红色、减少周围的深色，如图 11-23 所示。

> ♀ 注意 制作过程中，您可以继续在舞台中添加草地、云朵、石头等元素。但是，请务必确保您添加的每个元素都位于单独的图层。

> ♀ 提示 为了方便制作动画，每个添加到舞台中的资源都应该单独放在一个图层中。当同一个图层中有多个对象时，使用补间技术为这些对象制作动画可能会引发一些潜在的问题。

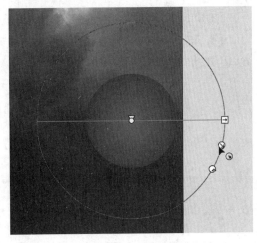

图 11-23

11.4 让圆球动起来

前面已经在舞台中准备好了各种元素，下面给圆球添加动画，让它沿着悬崖自然掉落至地面，然后弹飞。

11.4.1 添加帧

观察时间轴，您可以发现当前项目的时间轴上只有一帧。此时，无论是拖动播放滑块，还是单击时间轴上方的【播放】按钮（▶），都不会有任何动画效果，因为动画必须至少包含两帧。

下面在时间轴上添加帧，将动画持续时间设定为 1 秒。

① 单击【Ball】图层的第 24 帧并向下拖动鼠标，同时选中另外两个图层的第 24 帧，如图 11-24 所示。然后，释放鼠标，同时选中 3 个图层的第 24 帧。

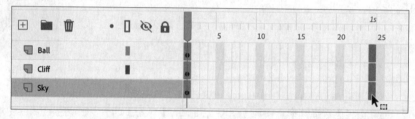

图 11-24

此时，3 个图层的第 24 帧均处于蓝色高亮显示的状态，表示它们被同时选中。

② 给 3 个图层插入帧，从第 1 帧一直添加到所选帧。在时间轴上方，单击【插入帧】按钮（▫），从弹出的菜单中选择【帧】，如图 11-25 所示。

此时，3 个图层的第 1 帧至第 24 帧之间就有了一系列灰色帧。

③ 沿着时间轴拖动播放滑块，播放滑块可以在第 1 帧与第 24 帧之间自由移动，如图 11-26 所示。

图 11-25

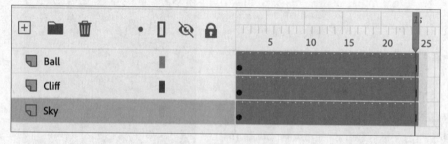

图 11-26

拖动播放滑块时，画面不会有任何变化。这是因为画面中的所有对象在每帧中都保持着完全相同的状态，只有做一些改变，才能产生动画。

> 💡注意　时间轴上方有一些时间标记，如 1s、2s、3s 等，这些时间是 Animate 根据您设置的帧速率计算出来的。当前文档的帧速率为 24 帧 / 秒，所以在第 24 帧处有一个 1s 的标记。

11.4.2　插入关键帧

在 Animate 中，不管制作什么类型的动画，都要用到关键帧。关键帧是一类特殊的帧，能够捕捉并记录图层内容中某些属性的变化信息。

下面向【Ball】图层添加一个关键帧，并调整圆球的相关属性。

❶ 选择【Ball】图层的第 15 帧，在时间轴上方单击【插入关键帧】按钮（ ），从弹出的菜单中选择【关键帧】，如图 11-27 所示，插入一个关键帧。

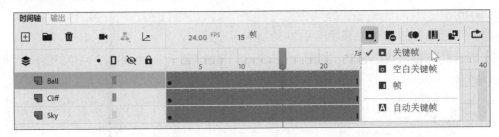

图 11-27

此时，Animate 在第 15 帧处插入了一个关键帧，用黑色实心点表示。

❷ 在第 15 帧处，使用【选择工具】（ ）将圆球移动到悬崖边缘，如图 11-28 所示。

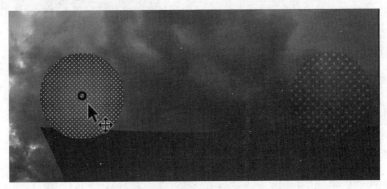

图 11-28

❸ 在两个关键帧（第 1 帧和第 15 帧）之间拖动播放滑块，观察圆球是如何从一个位置到另外一个位置的。此时，关键帧中记录的是圆球的位置变化信息。

帧类型

Animate 中有 3 种类型的帧，它们之间有一些区别。

帧：普通帧在动画制作中起着重要作用，不仅用于确定动画的时长，还决定了某些资源出现和消失的具体位置及时间。普通帧用纯灰色表示。

关键帧：关键帧是一类特殊的帧，记录着对象的某些属性（比如位置、缩放、旋转等）的变化信息。关键帧用一个黑色实心点和一条小竖线（左侧）表示。

空白关键帧：空白关键帧也是一种关键帧，在这种关键帧中，对象要么已经从舞台上移除，要么根本不存在。制作动画的过程中，通常使用空白关键帧来阻止某个对象在舞台中显示。空白关键帧使用一个空心圆和一条小竖线（左侧）表示。

11.4.3　创建补间形状

Animate 会详细记录两个关键帧之间的属性变化信息，并根据您的要求，自动填充关键帧之间的帧，确保动画过渡自然、流畅。

下面在项目时间轴的两个关键帧之间创建补间形状。

❶ 在【Ball】图层的两个关键帧之间任选一帧。

❷ 在时间轴上方单击【插入补间】按钮（⬛），从弹出的菜单中选择【创建补间形状】，如图 11-29 所示。

此时，该帧颜色变成棕色，表明已经成功创建补间形状。

❸ 沿着时间轴拖动播放滑块，如图 11-30 所示，仔细观察 Animate 如何在两个关键帧之间逐步改变圆球位置。

图 11-29

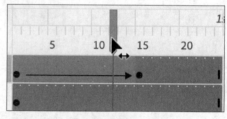

图 11-30

❹ 在用户界面右上方单击【测试影片】按钮（⊙），在浏览器中浏览动画。

> ♀ 注意　在 Animate 中，给某个对象应用补间之前，必须保证该对象在独立的图层中，这样才能确保补间正常工作。正因如此，我们才需要把各个视觉元素分别放在不同图层中。

补间类型

本课只用到补间形状，但其实 Animate 还提供了另外两种补间，它们在动画制作中也经常用到。下面简单介绍一下 Animate 中的 3 种补间。

补间形状：创建补间形状有两个前提条件。一是时间轴上至少有两个关键帧；二是关键帧中的对象属性不能完全一样，必须有变化。运用补间形状技术可以制作多种动画，比如运动动画、旋转动画、颜色动画、不透明度动画，甚至形变动画等。补间形状技术仅适用于为各种形状对象制作动画效果。

传统补间：创建传统补间的前提条件和创建补间形状完全一样，即时间轴上至少有两个关键帧，且不同关键帧中的对象属性必须有变化。运用传统补间技术可制作的动画有运动动画、旋转动画、缩放动画、不透明度动画、颜色效果动画、混合动画、滤镜动画等。传统补间技术仅适用于为各种元件实例制作动画效果。

补间动画：补间动画与传统补间在功能上类似，主要区别在于创建方式以及在项目中的展现方式。创建补间动画只需要一个关键帧，因为 Animate 会把整个图层转换成运动图层。当您沿着时间轴更改属性时，Animate 会自动创建关键帧（显示为菱形）。应用补间动画技术时，您还可以使用运动编辑器，以实现更精确的缓动效果。补间动画技术仅适用于为各种元件实例制作动画效果。

设计原则：运动

在静态画面设计中，"运动"设计原则只能借助线条和形状体现。在图 11-31 中，虽然没有实际运动的元素，但是通过圆形的排列和大小的变化，巧妙地表现出从左下方往右上方运动的感觉。

不过，在 Animate 中制作动画时，运动可以通过视觉元素某些属性（比如位置、缩放等）的变化表现出来。

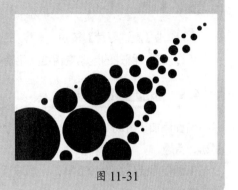

图 11-31

11.4.4 添加缓动效果

测试影片时，您会看到一个圆球从画面右侧往左移动。仔细观察，可以发现圆球的运动有点机械，不够自然。这是因为圆球的运动速度始终如一，没有任何变化，每帧都是线性运动。

给圆球运动添加缓动效果，能够有效地改变圆球的运动状态，让圆球运动变得更加自然、真实。

❶ 在补间形状区段内任选一帧。

❷ 在【属性】面板中选择【帧】选项卡，在【补间】选项组中，单击【Classic Ease】按钮，如图 11-32 所示。

此时，弹出缓动效果面板。在缓动效果面板的左侧区域可选择缓动类型，在中间区域可选择具体的缓动效果。通过缓动曲线，您可以直观地观察到每个缓动效果从开始到结束的变化情况，从而更好地了解每个缓动效果。

图 11-32

> ♀注意　【Classic Ease】是默认缓动效果，它是一种线性缓动效果，速度没有任何变化，所以它对应的缓动曲线是一条直线。

❸ 在缓动类型中选择【Ease In】，在中间区域选择【Sine】，如图 11-33 所示。双击【Sine】，将缓动效果应用至圆球运动。

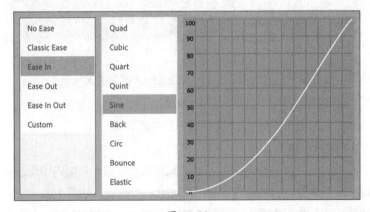

图 11-33

此时，缓动效果的按钮标签变为【Sine Ease-In】，指示当前应用的缓动效果。

> 💡注意　【Ease In】效果表现为运动开始时速度较慢，然后逐渐加快，直至动画结束。

❹ 单击【测试影片】按钮（ ⊙ ），在浏览器中观看动画。

可以发现，圆球的运动变得更加平滑、顺畅了。

11.4.5　添加变形效果

前面添加了缓动效果，圆球运动有了一些变化。接下来，给圆球添加一些变形效果，使动画更加生动、有趣。

下面使用【任意变形工具】给圆球添加变形效果，使其与周围环境产生有趣的互动，增强动画的趣味性。

❶ 选择【Ball】图层的第 16 帧。

❷ 在时间轴上方，单击【插入关键帧】按钮（ ▣ ），如图 11-34 所示，从弹出的菜单中选择【关键帧】，添加一个关键帧。

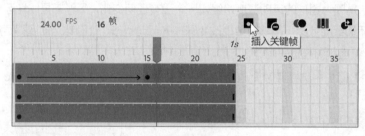

图 11-34

此时，第 16 帧处出现一个关键帧。

❸ 在第 19 帧处插入另外一个关键帧，如图 11-35 所示。

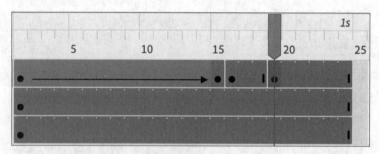

图 11-35

当前新添加的两个关键帧所包含的内容与第 15 帧处的关键帧完全一样。

❹ 从【工具】面板中选择【任意变形工具】（ ▥ ）。

❺ 选择第 16 帧，使用【任意变形工具】选择舞台中的圆球。

此时，圆球上出现变形控制框。

❻ 移动鼠标指针至变形控制框的顶边或底边，鼠标指针变成一对指向相反方向的箭头（ ↔ ）时，代表即将执行倾斜操作。略微向右拖动鼠标，使圆球发生一些形变，如图 11-36 所示。

这样，当圆球到达悬崖边缘刹停时，圆球会产生一些形变，仿佛有了重量，显得更加真实。

⑦ 选择第 15 帧，使用【任意变形工具】选择舞台中的圆球。

此时，圆球上出现变形控制框。

⑧ 移动鼠标指针至变形控制框的顶边或底边，鼠标指针变成一对指向相反方向的箭头时，代表即将执行倾斜操作。略微向左拖动鼠标，使圆球产生一些形变，如图 11-37 所示。

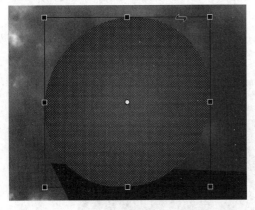

图 11-36

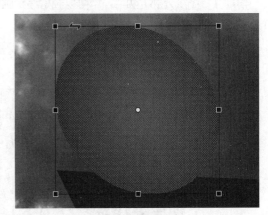

图 11-37

这样，当圆球滚动到停止位置并骤然停下时，圆球会产生一些形变，体现出一股向前冲的趋势。

⑨ 在第 16 帧与第 19 帧之间任选一帧。

⑩ 在时间轴上方单击【插入补间】按钮，从弹出的菜单中选择【创建补间形状】。若之前选择过【创建补间形状】，则无须单击按钮以打开菜单。

此时，Animate 在两个关键帧之间添加补间形状，如图 11-38 所示。

⑪ 单击【测试影片】按钮（ ⊙ ），在浏览器中观看动画。

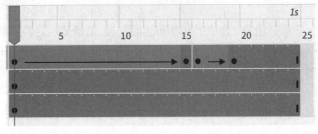

图 11-38

11.4.6 完成圆球运动动画

剩下的圆球运动动画就不再带着大家一步步制作了，交由大家自主完成。正好借此机会，大家可以把之前学过的知识和技术加以运用，锻炼自己的实践能力。

制作圆球运动动画的过程中，请注意以下事项。

· 当前圆球在悬崖边缘是滚下去？跳下去？还是弹出舞台？请根据您自己的想法自由发挥。

· 在时间轴上添加关键帧，并精心调整圆球的位置、缩放、变换属性，以确保动画效果真实、自然。

· 把动画时长延长至 2 秒或 3 秒，以便在动画中添加更多动作。

· 动画制作过程中，请记得添加缓动效果和变形效果，这样可以让动画更加生动、真实，并增添趣味性。

打开 Lessons\Lesson11\11Start 文件夹下的 project_animation.fla 文件，可以看到完整的圆球运动动画，动画总时长为 2 秒，包括圆球跳下悬崖、撞到地面，然后向左弹出画面几个动作。这个动画仅供您参考，您无须照搬，您可以在动画中融入自己的想法，使动画更有个性。

11.4.7 使用【绘图纸外观】

制作好圆球运动动画后，最好再仔细检查一下圆球的运动轨迹。为此，Animate 专门提供了【绘图纸外观】功能，以便您查看动画的每一帧。

借助【绘图纸外观】功能，您可以轻松追踪圆球在整个动画过程中的位置变化，以便精确选择关键帧和相关对象进行处理。

❶ 在时间轴上方，单击【绘图纸外观】按钮（⚙），开启【绘图纸外观】功能，画面效果如图 11-39 所示。

图 11-39

圆球绘图纸会根据其对应的帧是在当前播放头之前还是之后呈现不同的着色效果。

> 💡 提示　打开绘图纸外观菜单，选择【高级设置】，在【绘图纸外观设置】对话框中，您可以轻松更改绘图纸的许多功能。

❷ 使用时间轴上方的播放控件测试动画，检查是否一切正常。project_animation.fla 文件中包含完整的圆球运动动画，其中有一系列关键帧和补间，【时间轴】面板如图 11-40 所示。

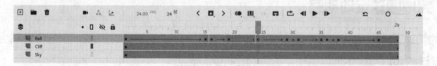

图 11-40

❸ 制作完成后，单击【测试影片】按钮（⚙），在浏览器中浏览动画效果。

11.5　添加交互

前面已经制作好了完整的圆球运动动画，接下来给动画添加交互：动画开始前，显示一个提示画面，告知用户单击画面以播放动画。

11.5.1　添加提示画面

动画开始前，需要有一个提示画面，告诉用户如何操作才能播放动画。

这里，给整个画面添加一个覆盖层。

❶ 在【时间轴】面板中新建一个图层，重命名为 Prompt，如图 11-41 所示。

接下来，在【Prompt】图层中绘制一个矩形把整个画面覆盖。

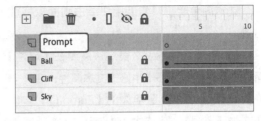

图 11-41

❷ 在【工具】面板中选择【矩形工具】（▣）。

接下来，使用【矩形工具】绘制一个覆盖整个画面的矩形。

❸ 在【属性】面板的【工具】选项卡中，设置填充颜色为黑色（#000000）、填充 Alpha 为 60%，取消笔触，如图 11-42 所示。

图 11-42

这样，透过带有一定透明度的黑色覆盖层，我们可以隐约看见其背后的内容。

❹ 使用【矩形工具】绘制一个与舞台尺寸相同的矩形，把整个画面覆盖住，如图 11-43 所示。

图 11-43

当然，矩形尺寸也可以比舞台尺寸大，只要能盖住整个画面即可。

11.5.2 添加提示文本

添加好覆盖层后，还需要添加提示文本，明确告诉用户，单击画面才能播放动画。

这里，在覆盖层上添加一行简单的提示文本。

❶ 在【工具】面板中选择【文本工具】。

❷ 在舞台中拖动绘制一个文本框。释放鼠标后，在文本框中输入"Click to Play!"，如图 11-44 所示。

文本简单明了，告诉用户单击画面以播放动画。

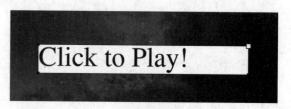

图 11-44

❸ 当前文本不怎么美观，需要在【属性】面板的【对象】选项卡中修改文本属性。在【字符】选项组中，设置字体为【Europa】、字体样式为【Bold】、字体大小为 96、字体颜色为 #FFCC99，如图 11-45 所示。在【段落】选项组中，单击【居中对齐】按钮（≡）。

❹ 为了将文本对象置于舞台中央，从菜单栏中选择【窗口】>【对齐】，打开【对齐】面板。

❺ 在【对齐】面板中，勾选【与舞台对齐】复选框，单击【水平中齐】按钮（≒）和【垂直中齐】按钮（≑），如图 11-46 所示。

图 11-45

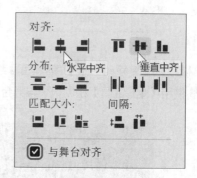

图 11-46

此时，文本移动到舞台正中央，如图 11-47 所示。

到这里，两个交互元素都创建好了。但是，当前我们还不能直接给文本和矩形添加交互功能，必须先把它们转换成元件。

图 11-47

11.5.3 创建元件

在 Animate 中，元件是一类特殊的对象，它们不仅拥有独立的时间轴，还具备一些普通对象所没有的属性。

下面把前面添加的文本和矩形对象转换成元件。

❶ 在舞台中，同时选中文本对象和矩形对象，如图 11-48 所示。

图 11-48

❷ 在【属性】面板的【对象】选项卡中，单击【转换为元件】按钮（ ）。

此时，弹出【转换为元件】对话框。

❸ 在【名称】文本框中输入"overlay"，从【类型】下拉列表中选择【影片剪辑】，如图 11-49
所示。单击【确定】按钮，创建元件。

这里之所以选择【影片剪辑】，是因为它支持添加交互功能。

❹ 在菜单栏中选择【窗口】>【库】，打开【库】面板。选择刚刚创建的 overlay 元件进行预览，
如图 11-50 所示。

图 11-49

图 11-50

> 💡注意 元件存于【库】面板，双击元件，可进入元件编辑模式。

> 💡注意 把舞台中的对象转换成元件后，舞台中的对象就会变成元件的一个实例。元件本身不可能出现
> 在舞台中，出现在舞台中的都是元件的实例。修改元件后，这些修改会在该元件的所有实例中体现出来。

❺ 我们希望舞台中的元件实例（即提示画面）仅在动画的第 1 帧出现。选择【Prompt】图层
的第 2 帧，在时间轴上方单击【插入关键帧】按钮（ ），从弹出的菜单中选择【空白关键帧】，如
图 11-51 所示。

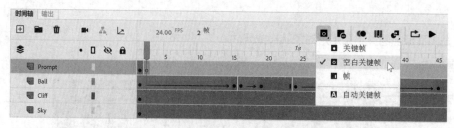

图 11-51

此时，Animate 在第 2 帧处添加一个空白关键帧，使提示画面仅在第 1 帧出现。

⑥ 单击【测试影片】按钮（ ● ），在浏览器中观看动画。

播放动画时，您会看到动画从第 1 帧播放至最后一帧，这与我们预想的不一样。

我们希望动画启动后一直停留在第 1 帧（即提示画面），等待用户单击画面，当用户单击画面后，动画再继续播放。

11.5.4 让动画停下来

Animate 最出色之处在于它把视觉设计、动作设计、交互设计三者完美地融合在一起，极大地提高了设计效率和便捷性。

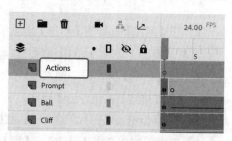

当前动画从头一直播放到尾。下面给动画添加一些代码，让播放滑块停留在第 1 帧，等待用户做交互动作。

❶ 在【时间轴】面板中，新建一个图层，重命名为 Actions，如图 11-52 所示。

图 11-52

> 💡注意　按照惯例，我们一般会把用于添加代码的图层命名为 Actions，但请注意，这不是一个硬性规定，您完全可以选择其他名字。单独创建一个图层来专门存放代码，有助于将代码与其他视觉元素分开。

❷ Animate 专门提供了一个【动作】面板来帮助用户创建代码。从菜单栏中选择【窗口】>【动作】，打开【动作】面板。

❸ 选中【Actions】图层的第 1 帧，在【动作】面板的脚本编辑器中输入"this.stop( );"，如图 11-53 所示。

该行代码让播放滑块停在当前帧，即第 1 帧。

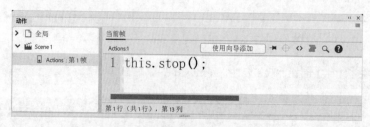

图 11-53

【动作】面板中间的空白区域就是脚本编辑器，用于输入代码。

❹ 单击【测试影片】按钮（ ● ），在浏览器中观看代码效果。

在代码的控制下，动画始终停在第 1 帧，即一直停留在提示画面。

11.5.5 给提示画面添加响应代码

测试当前项目时，动画始终停留在提示画面，等待用户单击画面。当用户单击画面后，动画应该接着往下播放。

下面给提示画面添加响应代码，确保用户单击画面后，动画能够继续播放。

❶ 单击【Prompt】图层的第 1 帧，此时舞台中 overlay 影片剪辑实例（即提示画面）处于选中状态。

❷ 在【属性】面板的【对象】选项卡的【实例名称】文本框中输入"playprompt"，按 Return（macOS）或 Enter（Windows）键，如图 11-54 所示。

图 11-54

在代码中，可以通过实例名称准确引用画面中指定的元素，从而进行操控。

> ♀ 注意　只有元件实例才有实例名称。

❸ 选择【Actions】图层的第 1 帧，打开【动作】面板。

❹ 使用向导添加代码。在【动作】面板顶部，单击【使用向导添加】按钮，如图 11-55 所示。

此时，脚本编辑器变成向导界面，跟着向导提示的步骤一步步往下操作即可。

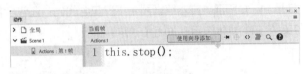

图 11-55

> ♀ 注意　只有选择了 HTML5 Canvas、WebGL、VR 等基于 Web 的文档类型，才能使用动作向导。

第 1 步要求您从列表中选择一项操作。我们希望用户单击提示画面后动画继续往下播放。

❺ 在动作列表中选择【Play】，如图 11-56 所示。

> ♀ 提示　动作列表很长，大大增加了查找的难度。您可以在搜索框中直接输入动作的名称，快速找到所需动作。

❻ 在【要应用操作的对象】中选择您希望把所选动作应用至哪个对象。这里我们希望播放主时间轴，所以选择【This timeline】，如图 11-57 所示，单击【下一步】按钮。

图 11-56

图 11-57

此时，来到第 2 步。

❼ 在第 2 步中，我们要选择一个触发事件。我们希望用户单击提示画面后动画继续往下播放，所以这里选择【On Mouse Click】，如图 11-58 所示。

❽ 选择一个触发事件的对象。由于前面给提示画面（overlay 元件的一个实例）指定了实例名称，

所以您能在触发事件的对象列表中看到其名称。选择【playprompt】，如图 11-59 所示，单击【完成并添加】按钮。

图 11-58

图 11-59

此时，Animate 退出向导并自动返回脚本编辑器。

⑨ 浏览脚本编辑器中的所有代码，这些代码是 Animate 根据我们在向导中的选择自动生成的，如图 11-60 所示。脚本编辑器中不仅包含代码，还包含代码注释，阅读这些注释，您可以轻松地了解每段代码的具体作用。关闭【动作】面板。

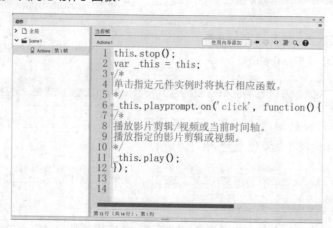

图 11-60

⑩ 单击【测试影片】按钮（ ），在浏览器中检查交互动作是否正常。

播放动画后，画面停留在第 1 帧，等待用户单击。当用户单击画面后，动画才会继续往下播放。到这里，整个动画全部制作完成。

11.6　发布与导出

动画制作好之后，还要分享出去让更多人欣赏。为此，Animate 提供了多种发布与导出动画的方法。下面介绍最常用的几种方法。

11.6.1　发布项目

在 Animate 中发布动画时，默认目标平台是最初新建文档时所指定的平台。

本课新建项目时选择的是【HTML5 Canvas】。从菜单栏中选择【文件】>【发布】，Animate 会生成一系列 Web 相关文件，包括 HTML 文件、JavaScript 文件，以及相关图像和声音，如图 11-61 所示。

从菜单栏中选择【文件】>【发布设置】，打开【发布设置】对话框，在其中可以根据目标平台修改发布设置，如图 11-62 所示。有关目标平台的内容，前面已经讲解过，在此不再赘述。

图 11-61

图 11-62

> **提示** 从菜单栏中选择【文件】>【转换为】，然后在打开的子菜单中选择某种文档类型，Animate 会把当前文档类型转换成您选择的文档类型。但请注意，不同平台间的代码可能存在差异，因此在转换文档类型时，相关代码可能会被注释掉。不过，请放心，转换文档类型的过程中，项目中的所有资源和动画都能得到很好的转换，从而最大限度地保留原有动画效果。

11.6.2 导出动画

使用【导出】命令导出动画，最终得到的结果与文档类型关系不大，而且独立于特定的目标发布平台，这意味着它可以更好地适应不同的播放环境和需求。如果您使用 Animate 制作的是纯动画，动画制作好之后，建议您使用【导出】命令而非【发布】命令来获得最终结果。

Animate 在多处设置了导出动画的命令，但最快捷的方法还是使用菜单栏的【文件】>【导出】子菜单中的命令，如图 11-63 所示。

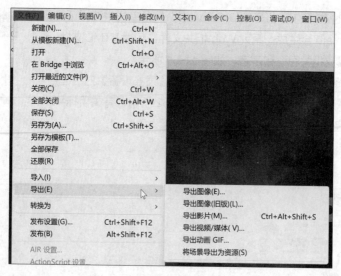

图 11-63

在菜单栏中选择【文件】>【导出】，子菜单中包含以下命令。

· 导出图像：把当前播放滑块所指的帧以 PNG、GIF、JPG 格式导出为静态图像。在【导出图像】对话框中，您可以进一步设置图像的质量、大小等属性。

· 导出图像（旧版）：该命令是【导出图像】命令的旧版本，除了 PNG、GIF、JPG 格式之外，还支持以 SVG 格式导出图像。

· 导出影片：使用【导出影片】命令可以把动画导出为一系列图像（如 JPG、GIF、PNG 或 SVG 格式的图像），动画的每帧对应一幅图像。此外，您还可以把动画导出成 SWF 格式的影片，以便将其作为素材导入 After Effects。

· 导出视频/媒体：该命令与 Adobe Media Encoder 配合使用。在【导出媒体】对话框中，您可以根据需要手动设置各个导出参数，还可以从【预设】下拉列表中选择现成预设，以便让 Adobe Media Encoder 按照您的要求精确导出动画，如图 11-64 所示。

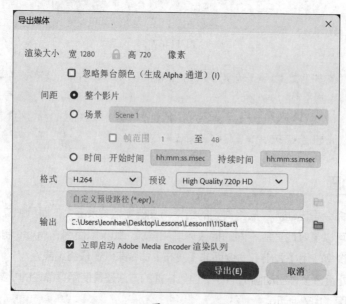

图 11-64

- 导出动画 GIF：该命令与【导出图像】命令作用相同，但在弹出的【导出图像】对话框中只包含有关 GIF 的设置选项。

- 将场景导出为资源：执行该命令，Animate 会把整个场景打包成特殊的 ANA 资源文件，以便与其他 Animate 用户共享。

如您所见，【导出】子菜单包含多个命令，请根据实际需要，选择合适的命令导出动画，确保导出结果满足您的要求。

> 注意　在 Animate 中使用【导出】子菜单中的命令导出动画时，需要注意最终导出产物是不支持交互功能的，因为它不包含交互代码。常用的图像、视频等格式不支持嵌入交互操作代码，所以当以这些格式导出动画时，最终结果不具备互动功能。

11.6.3　快速共享与发布

除了【文件】菜单中的【导出】和【发布】命令外，用户界面右上方还有一个【快速共享和发布】按钮（⬆），如图 11-65 所示。

图 11-65

单击该按钮，您可以把制作好的动画（GIF 动画或 MP4 视频）快速发布至 Twitter、YouTube 等社交平台，当然也可以保存至本地硬盘，以便分享给其他人。

对那些希望快速分享动画的人来说，这个功能实在是太方便了！

制作动画的 12 条原则

如果您希望自己的动画作品更具吸引力、更流畅自然，建议您深入学习一下制作动画的 12 条原则。本课制作圆球运动动画的过程中，我们已经运用了其中一些原则，比如给圆球添加缓动和变形效果。

制作动画的 12 条原则包括挤压和拉伸、预备动作、演出布局、连续运动与姿态对应、跟随动作与重叠动作、缓入缓出、弧线运动、次要动作、时间节奏、夸张、扎实描绘和吸引力。

这些内容不在本书的讨论范围，因此不作详细介绍，但建议您自行查找相关资料，深入学习一下。

最后留一个小练习：请指出前面制作圆球运动动画的过程中运用了哪些动画设计原则。知道答案后，您一定会大吃一惊，因为其中巧妙地融入了多个设计原则，若不细心揣摩，根本察觉不到。

11.7 复习题

❶ Animate 支持哪些文档类型？

❷ 帧速率是什么意思？

❸ 普通帧与关键帧有什么区别？

❹ 在两个关键帧之间使用什么技术创建动画？

❺ 要让代码能够引用某个影片元件实例，应该怎么做？

11.8 复习题答案

❶ Animate 不仅支持 HTML5 Canvas、WebGL、VR 等多种文档类型，还能通过安装第三方扩展，实现对 ActionScript 3.0、AIR 等文档类型的全面支持。

❷ 帧速率是每秒包含的帧数，指播放动画时每秒播放多少帧。

❸ 普通帧用于确定动画的时长。关键帧是一类特殊的帧，用于记录舞台中对象属性的变化信息。

❹ 在两个关键帧之间应用补间形状，就产生了动画。

❺ 先给元件实例命名，才能在代码中引用该元件实例。